"十二五"职业教育国家规划教材

经全国职业教育教材审定委员会审定

住房城乡建设部土建类学科专业"十三五"规划教材

住房和城乡建设部中等职业教育建筑施工与建筑装饰专业指导委员会规划推荐教材

建筑结构与装饰材料
（第二版）

（建筑装饰专业）

陈丽红　主　编
崔东方　陈　健　副主编
区　彤　主　审

中国建筑工业出版社

图书在版编目（CIP）数据

建筑结构与装饰材料/陈丽红主编.—2版.—北京：中国建筑工业出版社，2021.9（2025.1重印）
"十二五"职业教育国家规划教材.经全国职业教育教材审定委员会审定 住房城乡建设部土建类学科专业"十三五"规划教材 住房和城乡建设部中等职业教育建筑施工与建筑装饰专业指导委员会规划推荐教材.建筑装饰专业

ISBN 978-7-112-26339-4

Ⅰ.①建… Ⅱ.①陈… Ⅲ.①建筑结构—中等专业学校—教材②建筑材料—装饰材料—中等专业学校—教材 Ⅳ.① TU3 ② TU56

中国版本图书馆 CIP 数据核字（2021）第 138856 号

本书是中等职业学校建筑装饰专业核心课程教材，自第一版出版发行以来，被全国中高职院校相关专业广泛选用。本次修订根据教育部公布的专业教学标准以及课程标准，结合建筑装饰行业技术新进展以及行业对人才培养的最新要求，联合企业专家，对装饰材料和工艺进行了更新：删除了市场已淘汰的装饰材料，整合了装饰材料的分类，增加了行业新兴的、智能化装饰材料等内容。全书按64个学时编写，共分为8个教学单元，38个工作（学习）任务。

本书可供职业院校建筑装饰专业的学生使用，也可供工程技术人员参考。

为便于教学和提高学习效果，本书作者制作了教学课件，索取方式为：

1. 邮箱 jckj@cabp.com.cn；2. 电话（010）58337285；3. 建工书院 http：//edu.cabplink.com；4. 交流 QQ 群 796494830

责任编辑：刘平平 李 阳
责任校对：焦 乐

"十二五"职业教育国家规划教材
经全国职业教育教材审定委员会审定
住房城乡建设部土建类学科专业"十三五"规划教材
住房和城乡建设部中等职业教育建筑施工与建筑装饰专业指导委员会规划推荐教材
建筑结构与装饰材料（第二版）
（建筑装饰专业）

陈丽红 主 编
崔东方 陈 健 副主编
区 彤 主 审

*
中国建筑工业出版社出版、发行（北京海淀三里河路9号）
各地新华书店、建筑书店经销
北京点击世代文化传媒有限公司制版
建工社（河北）印刷有限公司印刷
*
开本：787毫米×1092毫米 1/16 印张：13½ 字数：213千字
2021年9月第二版 2025年1月第二次印刷
定价：57.00 元（赠教师课件）
ISBN 978-7-112-26339-4
　　（37710）

本系列教材编委会 ◆◆◆

序言 ◆◆◆
Foreword

住房和城乡建设部中等职业教育专业指导委员会是在全国住房和城乡建设职业教育教学指导委员会、住房和城乡建设部人事司的领导下，指导住房城乡建设类中等职业教育（包括普通中专、成人中专、职业高中、技工学校等）的专业建设和人才培养的专家机构。其主要任务是：研究建设类中等职业教育的专业发展方向、专业设置和教育教学改革；组织制定并及时修订专业培养目标、专业教育标准、专业培养方案、技能培养方案，组织编制有关课程和教学环节的教学大纲；研究制订教材建设规划，组织教材编写和评选工作，开展教材的评价和评优工作；研究制订专业教育评估标准、专业教育评估程序与办法，协调、配合专业教育评估工作的开展等。

本套教材是由住房和城乡建设部中等职业教育建筑施工与建筑装饰专业指导委员会（以下简称专指委）组织编写的。该套教材是根据教育部2014年7月公布的《中等职业学校建筑工程施工专业教学标准（试行）》《中等职业学校建筑装饰专业教学标准（试行）》及其课程标准编写的。专指委的委员专家参与了专业教学标准和课程标准的制定，并将教学改革的理念融入教材的编写，使本套教材能体现最新的教学标准和课程标准的精神。教材编写体现了理论实践一体化教学和做中学、做中教的职业教育教学特色。教材中采用了最新的规范、标准、规程，体现了先进性、通用性、实用性的原则。本套教材中的大部分教材，经全国职业教育教材审定委员会的审定，被评为"十二五"职业教育国家规划教材。

教学改革是一个不断深化的过程，教材建设是一个不断推陈出新的过程，需要在教学实践中不断完善，希望本套教材能对进一步开展中等职业教育的教学改革发挥积极的推动作用。

住房和城乡建设部中等职业教育建筑施工与建筑装饰专业指导委员会

2015 年 6 月

本书以常用的各种装饰材料为主要内容，采用任务引领模式，让学生在团体合作完成任务的过程中，循序渐进，学会材料的种类、性能、选用等。教材内容丰富，包含了当前建筑装饰中使用的常用材料和最新材料，有较强的实用性。

本书由广州市城市建设职业学校陈丽红主编；河南建筑职业技术学院崔东方、广州市第二装修有限公司陈健副主编；广州市城市建设职业学校郭晓明、李雪琼、蔡艺钦、王蒙蒙编写；广东省建筑设计研究院有限公司区彤主审。其中主编陈丽红为双师型教师（高级讲师＋高级工程师），副主编陈健及主审区彤均为来自企业一线的高级工程师。校企编写团队通过对企业典型工作过程的任务分析，确定学习性的教学活动，使教材内容与职业岗位的工作过程对应，让学生在学习和任务实施的过程中，掌握装饰材料选用的基本技能，为学习该专业的后续课程如"装饰工程施工""装饰设计"等及职业能力的形成打下良好的基础。

本书编写分工如下：李雪琼（单元1）；陈丽红（单元2）；崔东方（单元3任务1）；王蒙蒙（单元3任务2～3、单元8）；郭晓明（单元4）；蔡艺钦（单元5、单元6）；陈健（单元7）。全书由陈丽红负责统稿。

为突出新材料、新技术、新工艺的内容，全书在编写过程中除参考了有关国家和行业的最新标准和规范外，还参考了较多的文献资料和网络资料，谨向这些资料的作者致以诚挚的敬意。

由于编者水平有限，书中难免有不妥之处，敬请读者批评指正。

第一版前言 ◆◆◆
Preface

本书以任务引领学习法为主线，结合中职学生的特点和认知规律组织编写，力求简单实用，好教易学。

本书由河南省建筑工程学校崔东方主编；广州市建筑工程职业学校陈丽红副主编；广州市建筑工程职业学校郭晓明；郑州商业技师学院张庆新等人编写。

本书编写分工如下：广州市建筑工程职业学校陈丽红（项目1、项目2）；广州市建筑工程职业学校郭晓明（项目4）；河南省建筑工程学校崔东方（项目3、项目5、项目7、项目8任务1、任务2）；郑州商业技师学院张庆新（项目8任务3）建业住宅集团有限公司一级注册建筑师李小忠、郑州恒基建设监理有限公司监理工程师王兴伟（项目6）。

本书的主要内容包括：项目1-建筑构造与材料认知；项目2-建筑结构类型认知；项目3-建筑装饰材料简介；项目4-常用地面装饰材料；项目5-常用内墙装饰材料；项目6-常用外墙装饰材料；项目7-常用吊顶装饰材料；项目8-建筑装饰五金材料。

本书按64学时编写，各教学单元的学时分配建议如下：

学时分配建议表

序号	单元名称	建议学时
项目1	建筑构造与材料认知	10
项目2	建筑结构类型认知	8
项目3	建筑装饰材料简介	4
项目4	常用地面装饰材料	8
项目5	常用内墙装饰材料	12
项目6	常用外墙装饰材料	8
项目7	常用吊顶装饰材料	10
项目8	建筑装饰五金材料	4

为突出新材料、新技术、新工艺的内容，全书在编写过程中除参考了有关国家和行业的最新标准和规范外，还参考了较多的文献资料和网络资料，谨向这些资料的作者致以诚挚的敬意。

由于编者水平有限，书中难免有不妥之处，敬请读者批评指正。

目录 ◆◆◆
Contents

单元 1
建筑构造与材料认知

【单元概述】

本单元划分为6个任务：

认识建筑整体构造；认识建筑墙体；认识建筑楼地面；认识建筑门窗；认识楼梯形式；认识建筑幕墙；实地参观（室内楼梯、建筑门窗、墙体、楼地面材料与构造；建筑结构类型；建筑幕墙做法）。

【单元目标】

通过本单元的学习，学生能够认识和了解建筑物的基本组成、分类、构造做法及常用的建筑材料、建筑的结构类型等。

建筑是建筑物与构筑物的总称，是人们为了满足社会生活需要，利用所掌握的物质技术手段，并运用一定的科学规律、堪舆理念和美学法则创造的人工环境。

建筑的本义是人们用泥土、砖、瓦、石材、木材（近代用钢筋混凝土、型材）等建筑材料构成的一种供人居住和使用的空间，如住宅、桥梁、厂房、体育馆、窑洞、水塔、寺庙等。广义上来讲，景观、园林也是建筑的一部分。更广义地讲，动物有意识建造的巢穴也可算作建筑。如图1-1所示。

建筑构成的三要素：建筑功能、建筑技术和建筑形象。构成建筑的三要素中，建筑功能是主导因素，它对建筑技术和建筑形象起决定作用。建筑技术是实现建筑功能的手段，它对功能起制约或促进发展的作用。建筑形象也是发展变化的，在相同的功能要求和建筑技术条件下，可以创造出不同的建筑形象，达到不同的美学条件。

(a)   (b)   (c)

图 1-1　建筑

(a) 广州塔；(b) 园林；(c) 巢穴

任务1　认识建筑整体构造（建筑各构件的组合关系）

【任务目标】

通过本工作任务的学习，学生能够：知道建筑的分类；认识和了解建筑物的基本组成；知道建筑各构件的组合关系。

认识建筑整体
构造

【学习支持】

一、建筑的分类

1. 按使用的功能分类

（1）民用建筑

民用建筑指供人们工作、学习、生活、居住用的建筑物，包括居住建筑和公共建筑。图 1-2 为民用建筑。

居住建筑主要是指提供人们进行家庭和集体生活起居用的建筑物，如住宅、宿舍、公寓等。

公共建筑主要是指提供人们进行各种社会活动的建筑物，其中包括：

◆　行政办公建筑　如机关、企业单位的办公楼等。

◆ 文教建筑　如学校、图书馆、文化宫、文化中心等。

◆ 托教建筑　如托儿所、幼儿园等。

◆ 科研建筑　如研究所、科学实验楼等。

◆ 医疗建筑　如医院、诊所、疗养院等。

◆ 商业建筑　如商店、商场、购物中心、超级市场等。

◆ 观览建筑　如电影院、剧院、音乐厅、影城、会展中心、展览馆、博物馆等。

◆ 体育建筑　如体育馆、体育场、健身房等。

◆ 旅馆建筑　如旅馆、宾馆、度假村、招待所等。

◆ 交通建筑　如航空港、火车站、汽车站、地铁站、水路客运站等。

◆ 通信广播建筑　如电信楼、广播电视台、邮电局等。

◆ 园林建筑　如公园、动物园、植物园、亭台楼榭等。

◆ 纪念性建筑　如纪念堂、纪念碑、陵园等。

（2）工业建筑

工业建筑指为工业生产服务的生产车间及为生产服务的辅助车间、动力用房、仓储等。图 1-3 为工业建筑。

图 1-2　民用建筑　　　　　　　　　图 1-3　工业建筑

（3）农业建筑

农业建筑主要是指用于农业、牧业生产和加工的建筑，如温室、畜禽饲养场、粮食与饲料加工站、农机修理站等。图 1-4 为农业建筑。

图1-4　农业建筑

2.按建筑规模和数量分类

◆　　大量性建筑　指建筑规模不大，但修建数量多的建筑，如住宅、中小学教学楼等。

◆　　大型性建筑　指规模大，耗资多的建筑，如大型体育馆、大型剧院。与大量性建筑相比，其修建数量是很有限的，这类建筑物使一个国家或一个地区具有代表性，对城市的面貌的影响也很大。

3.按建筑高度或层数分类

（1）建筑高度不大于27.0m的住宅建筑、建筑高度不大于24.0m的公共建筑及建筑高度大于24.0m的单层公共建筑为低层或多层民用建筑；

（2）建筑高度大于27.0m的住宅建筑和建筑高度大于24.0m的非单层公共建筑，且高度不大于100.0m的，为高层民用建筑；

（3）建筑高度大于100.0m为超高层建筑。

4.按承重结构材料分类

◆　　木结构建筑　指以木材做房屋承重骨架的建筑。如图1-5所示。

◆　　砖石结构建筑　指以砖或石材为承重墙和楼板的建筑，这种建筑便于就地取材，能节约钢材、水泥和降低造价，但抗震性能差，自重大，不宜用于地震区和地基软弱的地方。图1-6为砖石结构建筑。

◆　　钢筋混凝土结构建筑　指以钢筋混凝土做承重结构的建筑。具有坚固耐久、防火和可塑性强等优点，故应用很广泛，发展前途最大。图1-7为钢筋混凝土结构建筑。

◆ 钢结构建筑：指以型钢作为建筑物承重骨架的建筑。它力学性能好，便于制作和安装，结构自重轻，适宜超高层和大跨度建筑。如鸟巢，如图 1-8 所示。

图 1-5　木结构建筑

图 1-6　砖石结构建筑（索菲亚教堂）

图 1-7　钢筋混凝土结构建筑

图 1-8　钢结构建筑

◆ 混合结构建筑：指采用两种或两种以上材料做承重结构的建筑。它在大量建筑中广泛应用。如：砖木结构、砖混结构等。如福建土楼，如图 1-9 所示。

图 1-9　砖木结构建筑（福建土楼）

二、建筑构造组成及其各自作用

一幢建筑，一般是由基础、墙（或柱）、楼地层、楼梯、屋顶和门窗等六大部分所组成，如图 1-10 所示。

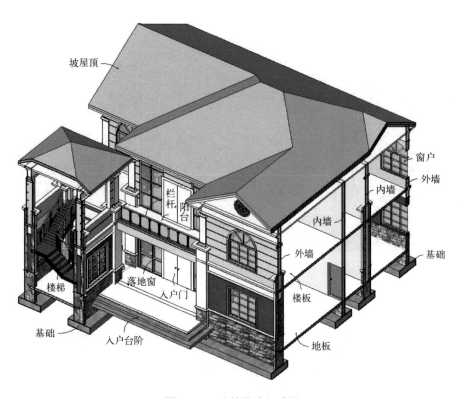

图 1-10　建筑构造组成图

（一）基础

基础是建筑物最下部的承重构件，其作用是承受建筑物的全部荷载，并将这些荷载传给地基。因此，基础必须具有足够的承载力，并能抵御地下各种有害因素的侵蚀。

（二）墙（或柱）

墙（或柱）是建筑物的承重构件和围护构件。作为承重构件的外墙，其作用是抵御自然界各种因素对室内的侵袭；内墙主要起分隔空间及保证舒适环境的作用。框架或排架结构的建筑物中，柱起承重作用，墙仅起围护作用。因此，要求墙体具有足够的承载力、稳定性，保温、隔热、防水、防火、耐久及经济等性能。

（三）楼地层

楼板是水平方向的承重构件，按房间层高将整幢建筑物沿水平方向分为若干层；楼板层承受家具、设备和人体荷载以及本身的自重，并将这些荷载传给墙或柱；同时对墙体起着水平支撑的作用。因此要求楼板层应具有足够的抗弯承载力、刚度和隔声、防潮、防水的性能。

（四）楼梯

楼梯是楼房建筑的垂直交通设施，供人们上下楼层和紧急疏散之用。故要求楼梯具有足够的通行能力，并且防滑、防火，能保证安全使用。

（五）屋顶

屋顶是建筑物顶部的围护构件和承重构件。抵抗风、雨、雪、霜、冰雹等的侵袭和太阳辐射热的影响；又承受风雪荷载及施工、检修等屋顶荷载，并将这些荷载传给墙或柱。故屋顶应具有足够的承载力、刚度及防水、保温、隔热等性能。

（六）门与窗

门与窗均属非承重构件，也称为配件。门主要供人们内外交通和分隔房间建用，窗主要起通风、采光、分隔、眺望等围护作用。处于外墙上的门窗又是围护构件的一部分，要满足热工及防水的要求；某些有特殊要求的房间，门、窗应具有保温、隔声、防火的能力。

一座建筑物除上述六大基本组成部分以外，对不同使用功能的建筑物，还有许多特有的构件和配件，如阳台、雨篷、台阶、栏杆、隔断、排烟道等。这些建筑配件除满足使用功能要求外，均有艺术造型方面的要求，在习惯上把中国古代属于小木作范围的如门、窗、栏杆、隔断、固定家具以及顶棚、地面、墙面等构件归入建筑装修。单纯为了满足视觉要求而进行艺术加工的则归入建筑装饰。建筑装修和装饰同建筑的艺术表现和使用功能有密切关系。为此，就要研究构配件的功能、造型、尺度、质感、色彩以及照度等有关问题。

思考题与习题
答案

【思考题与习题】

1. 建筑构成的三要素：_____、_____和_____。

2. 建筑按使用的功能分为_____、_____和_____。

3. 民用建筑指供人们工作、学习、生活、居住用的建筑物，包括_____和_____。

4. 建筑按承重结构材料分为_____、_____、_____和_____。

5. 建筑物的基本组成部分中承重构件有：_____非承重构件有_____。

6. 与建筑装饰相关的建筑配件有：_____。

7. 高层建筑_____。

【能力拓展】

组织参观建筑装饰实训大楼，在老师的指导下，认识建筑物的基本组成，说出建筑各构件的组合关系。

任务 2　认识建筑墙体

【任务目标】

通过本工作任务的学习，学生能够：认识建筑墙体；知道墙体的分类及其材料。

【学习支持】

墙体是建筑物的重要组成部分。它的作用是承重、围护或分隔空间。

一、墙体的设计要求

（1）具有足够的承载力和稳定性

（2）具有保温、隔热性能

（3）隔声性能

（4）符合防火要求

（5）防潮、防水要求

（6）建筑工业化要求

二、墙体的分类

（一）按墙体材料分类

1. 砖墙

用作墙体的砖有普通黏土砖、黏土多孔砖、黏土空心砖、焦渣砖等。黏土砖用黏土烧制而成，有红砖、青砖之分。焦渣砖用高炉硬矿渣和石灰蒸养而成。图 1-11～图 1-13 分别为普通黏土砖、黏土多孔砖、黏土空心砖。

图 1-11 普通黏土砖　　图 1-12 黏土多孔砖　　图 1-13 黏土空心砖

2. 加气混凝土砌块墙

加气混凝土是一种轻质材料，其成分是水泥、砂子、磨细矿渣、粉煤灰等，用铝粉作发泡剂，经蒸养而成。加气混凝土具有体积质量轻、隔声、保温性能好等特点。这种材料多用于非承重的隔墙及框架结构的填充墙。如图 1-14 所示。

图 1-14 加气混凝土砌块墙

3. 石材墙

石材是一种天然材料，主要用于山区和产石地区。石材墙分为乱石墙、整石墙和包石墙等做法。如图 1-15 所示。

4. 板材墙

板材以钢筋混凝土板材、加气混凝土板材为主，玻璃幕墙亦属此类。如图 1-16 所示。

5. 整体墙

框架内现场制作的整块式墙体，无砖缝、板缝，整体性能突出，主要用材以轻骨料钢筋混凝土为主，操作工艺为喷射混凝土工艺，整体强度略高于其他结构，再加上合理的现场结构设计，多适用于地震多发区、大跨度厂房建设和大型商业中心隔断。如图 1-17 所示。

图 1-15 石材墙

图 1-16 板材墙

图 1-17 整体墙

（二）按墙体所在位置分类

墙体按所在位置一般分为外墙和内墙两大部分，每部分又各有纵横两个方向，共形成四种墙体，即：外纵墙、外横墙（山墙）、内纵墙、内横墙。如图 1-18 所示。

另外，还有窗间墙、窗下墙、女儿墙等。

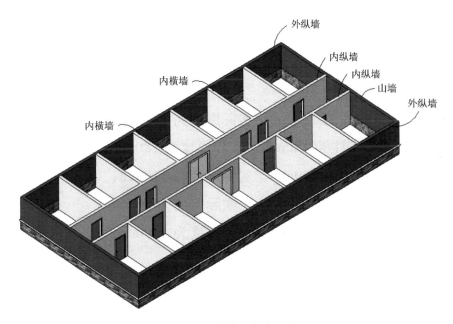

图 1-18　外墙、内墙示意

（三）按受力特点分类

（1）承重墙：承受屋顶和楼板等构件传下来的垂直荷载和风力、地震力等水平荷载的墙体。

（2）承自重墙：只承受墙体自身重量而不承受屋顶、楼板等竖向荷载的墙体。

（3）填充墙：起着防风、雪、雨的侵袭，并起着保温、隔热、隔声、防水等作用的墙体。填充墙一般填充在框架结构的柱墙之间。

（4）隔墙：起着分隔室内空间和隔声作用的墙体，其重量由楼板或梁承受。

（四）按构造做法分类

（1）实体墙：单一材料（砖、石块、混凝土和钢筋混凝土等）和复合材料（钢筋混凝土与加气混凝土分层复合、黏土砖与焦渣分层复合等）砌筑的不留空隙的墙体。

（2）空体墙：内留有空腔，如空斗墙。

（3）复合墙：是由两种或两种以上的材料组合而成的墙体。

三、墙厚的确定

砖墙的厚度以我国标准黏土砖的长度为单位，我国现行黏土砖的规格是240mm×115mm×53mm（长×宽×厚）。连同灰缝厚度10mm在内，砖的规格形成长∶宽∶厚=4∶2∶1的关系。现行墙体厚度用砖长作为确定依据，常用的有以下几种：

半砖墙：图纸标注为120mm，实际厚度为115mm；

3/4砖墙：图纸标注为180mm，实际厚度为180mm；

一砖墙：图纸标注为240mm，实际厚度为240mm；

一砖半墙：图纸标注为370mm，实际厚度为365mm；

二砖墙：图纸标注为490mm，实际厚度为490mm。

如图1-19所示。

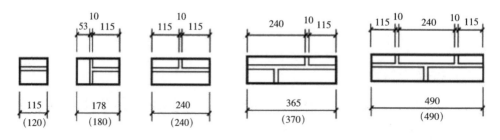

图 1-19　墙厚与砖规格的关系

其他墙体，如钢筋混凝土板墙、加气混凝土墙体等均应符合模数的规定。钢筋混凝土板墙用作承重墙时，其厚度为160mm或180mm；用作隔断墙时，其厚度为50mm。加气混凝土墙体用于外围护墙时常用200～250mm，用于隔断墙时，常取100～150mm。图1-20为部分地区砖的常用规格。

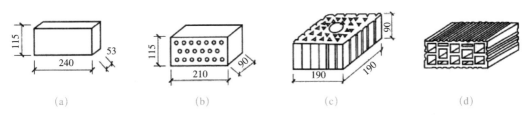

(a)   (b)   (c)   (d)

图 1-20   部分地区砖的规格

(a) 烧结普通砖；(b) P 型多孔砖；(c) M 型多孔砖；(d) 空心砖

四、墙体细部构造（图 1-21）

1. 过梁

当墙体上开设门窗洞口时，为了支撑洞口上部砌体所传来的各种荷载，并将这些荷载传给两侧墙体，常在门窗洞口上设置横梁，即过梁。过梁上的荷载一般呈三角形分布，为计算方便，可以把三角形折算成 1/3 洞口宽度，过梁只承受其上部 1/3 洞口宽度的荷载，因而过梁的断面不大，梁内配筋也较少。过梁一般可分为钢筋混凝土过梁、砖拱（平拱、弧拱和半圆拱）、钢筋砖过梁等几种。

2. 窗台

窗洞口的下部应设置窗台。窗台分悬挑窗台和不悬挑窗台，根据窗的安装位置可形成内窗台和外窗台。外窗台是为了防止在窗洞底部积水，并流向室内。内窗台则是为了排除窗上的凝结水，以保护室内墙面，及存放东西、摆放花盆等。窗台的底面檐口处，应做成锐角形或半圆凹槽（叫"滴水"），便于排水，以免污染墙面。

3. 勒脚

外墙墙身下部靠近室外地坪的部分叫勒脚。勒脚的作用是防止地面水、屋檐滴下的雨水对墙面的侵蚀，从而保护墙面，保证室内干燥，提高建筑物的耐久性；同时，还有美化建筑外观的作用。勒脚经常采用抹水泥砂浆、水刷石或加大墙厚的办法做成。勒脚的高度一般为室内地坪与室外地坪之高差，也可以根据立面的需要而提高勒脚的高度尺寸。

4. 防潮层

在墙身中设置防潮层的目的是防止土壤中的潮气沿墙身上升和勒脚部位的地面水影响墙身。它的作用是提高建筑物的耐久性，保持室内干燥卫生。

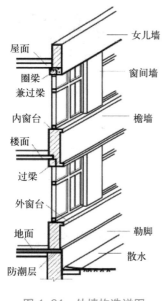

屋面 —— 女儿墙

圈梁兼过梁 —— 窗间墙

内窗台 —— 檐墙

楼面

过梁

外窗台

地面 —— 勒脚

防潮层 —— 散水

图1-21 外墙构造详图

防潮层的高度应在室内地坪与室外地坪之间，以地面垫层中部为最理想。有水平防潮层和垂直防潮层之分；根据不同的材料做法可以分为防水砂浆防潮层、油毡防潮层和混凝土防潮层。在抗震设防地区一般选用防水砂浆防潮层。

5. 散水

散水指的是靠近勒脚下部的排水坡。它的作用是为了迅速排除从屋檐下滴的雨水，防止因积水渗入地基而造成建筑物的下沉。散水的宽度应稍大于屋檐的挑出尺寸，且不应小于600mm。散水坡度一般在5%左右。散水的常用材料为混凝土、砖、炉渣等。

五、墙身装饰

1. 外墙面装饰

外墙面装修包括贴面类、抹灰类和喷刷类。

贴面类是在墙的外表面铺贴花岗石、大理石、陶瓷锦砖（又称马赛克）等饰面材料。大理石板的铺贴方法是在墙、柱中预埋扁铁钩，在板顶面做凹槽，用扁铁钩钩住凹槽，中间浇灌水泥砂浆。另一种方法是在墙柱中间预留钢筋钩，用钢筋钩固定钢筋网，将大理石板用钢丝绑扎在钢筋网上，再在空隙处浇灌水泥砂浆。陶瓷锦砖主要用水泥砂浆进行镶贴。面砖主要采用聚合物水泥砂浆（在水泥砂浆中加入少量的108胶）和特制的胶粘剂（如903胶）进行粘贴。

外墙抹灰分为普通抹灰和装饰抹灰两大类。普通抹灰包括在外墙上抹水泥砂浆等做法。装饰抹灰包括水刷石、干粘石、剁斧石和拉毛灰等做法。

喷刷类饰面施工简单，造价便宜，而且有一定的装饰效果。另外，砖墙外表只勾缝，不作其他装修的墙面叫清水墙。如图1-22所示。

图 1-22　清水墙

2. 内墙面装饰

内墙面装饰一般可以归结为四类，即贴面类、抹灰类、喷刷类和裱糊类。

贴面类包括大理石板、预制水的磨石板、陶瓷面砖等材料，主要用于门厅和装饰要求、卫生要求较高的房间；抹灰类做法包括石灰砂浆、水泥砂浆、混合砂浆、纸筋石灰砂浆、麻刀石灰砂浆等做法；喷刷类做法包括刷漆、喷浆等类做法；裱糊类包括塑料壁纸和壁布两大类，一类是在原纸上或布上涂塑料涂层，另一类是在原纸上或布上压一层塑料壁纸。

思考题与习题
答案

【思考题与习题】

1. 墙体的分类有按_____分、按_____分、按_____分、按_____分等四种。

2. 承重墙是指_____，
填充墙是指_____。

3. 外墙面装修包括：_____、_____、_____。

【能力拓展】

组织参观建筑装饰实训大楼，在老师的指导下，分辨墙体的种类，说出外墙及内墙的装饰种类。

任务 3　认识建筑楼地面

认识建筑楼地面

【任务目标】

通过本工作任务的学习，学生能够：认识建筑楼地面；了解楼地面的分类及做法。

【学习支持】

楼地面是房屋建筑地面与楼面的统称。地面指底层室内地坪，楼面是指各楼层的室内地坪。无论是地面、楼面，均由三部分组成，即基层（结构层）、垫层（中间层）和面层（装饰层）。除这三个基本层次外，为满足找平、结合、防水、防潮、弹性、保温隔热、管线敷设等功能上的要求，往往还要在基层与面层之间增加若干中间层。

地面层是分隔建筑物最底层房间与下部土壤的水平构件，地面层从下至上依次由素土夯实层、垫层和面层等基本层次组成。其次有附加层。

楼板层从上至下依次由面层、结构层、附加层和顶棚层等几个基本层次组成。如图 1-23 所示。

1）面层：是楼板上表面的构造层，也是室内空间下部的装修层。面层对结构层起着保护作用，使结构层免受损坏，同时，也起装饰室内的作用。

2）结构层：是楼板层的承重部分，包括板、梁等构件。结构层承受整个楼板层的全部荷载，并对楼板层的隔声、防火等起主要作用。地面层的结构层为垫层，垫层将所承受的荷载及自重均匀地传给夯实的地基。

3）附加层：主要有管线敷设层、隔声层、防水层、保温或隔热层等。管线敷设层是用来敷设水平设备暗管线的构造层；隔声层是为隔绝撞击声而设的构造层；防水层是用来防止水渗透的构造层；保温或隔热层是改善热工性能的构造层。

4）顶棚层：是楼板下表面的构造层，也是室内空间上部的装修层，顶棚的主要功能是保护楼板、安装灯具、装饰室内空间以及满足室内的特殊使用要求。

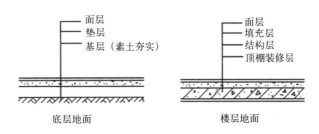

图 1-23　楼地面的层次

一、楼地面的分类

1. 按建筑部位不同分类

楼地面

按建筑部位不同可分为室外地面、室内底层地面、楼层地面、上人屋顶地面等。

2. 按工程做法和面层材料不同分类

楼地面

按工程做法或面层材料不同可分为整体地面、块材地面、木地面、地毯地面，特殊地面等。

二、整体地面施工

整体地面主要是指水泥地面、混凝土地面、现浇水磨石地面等，它是一种应用较为广泛的传统做法地面，基层和垫层土建一般均已完成后，进行整体地面施工。

（一）水泥砂浆地面

水泥砂浆地面面层是以水泥作胶凝材料，砂作骨料，按配合比 1 : 1.50 ～ 1 : 1.25 的配制抹压而成，厚度为 20 ～ 25mm。其优点是造价低、施工简便、使用耐久。易出现的问题是容易有起灰、起砂、裂缝、空鼓等现象。如图 1-24 所示。

图 1-24　水泥砂浆地面

1. 材料要求

（1）胶凝材料——水泥

水泥砂浆面层所用水泥，应优先采用硅酸盐水泥、普通硅酸盐水泥，强度等级不得低于32.5级。

（2）细骨料——砂

水泥砂浆面层所用的砂，应采用中砂和粗砂，含泥量不得大于3%（质量比）。

2. 施工工艺流程

水泥砂浆地面施工工艺流程为：基层处理→弹线、找规矩→水泥砂浆抹面→养护。

（二）现浇水磨石地面

现浇水磨石地面的做法是在垫层上抹20mm厚1：3水泥砂浆找平层。砂浆干硬后弹线，镶玻璃条或铜条，玻璃条或铜条高10mm，用稠膏状水泥浆粘牢成格，然后在格内抹1：2水泥石子浆，拍平反复压实。待石子浆有适当强度后，用磨石机将表面磨光，然后清洗干净打蜡。其具有饰面美观、大方，平整光滑，整体性好，坚固耐久，易于保持清洁等优点，适用于清洁度要求较高的场所，如商店售货厅、医院病房、门厅、走道楼梯，或其他公共场所等。如图1-25所示。

图1-25　现浇水磨石地面

1. 材料要求

（1）水泥：白色或浅色的水磨石面层，应采用白色硅酸盐水泥；深色的水磨石面层，应采用硅酸盐水泥、普通硅酸盐水泥或矿渣硅酸盐水泥。无论白水泥还是普通水泥，其强度等级均不宜低于 32.5 级。

（2）石粒：水磨石石粒应采用质地坚硬、耐磨、洁净的大理石、白云石、方解石、花岗石、玄武岩或辉绿岩等，要求石粒中不含风化颗粒和草屑、泥块、砂粒等杂质。

（3）颜料：颜料在水磨石面层中虽然用量不大，但从面层质量和装饰效果来说，却占有相当重要的位置。颜料一般采用耐碱、耐光、耐潮湿的矿物颜料。

（4）分格条：也叫嵌条，通常主要选用黄铜条、铝条和玻璃条三种，另外也有不锈钢、硬质聚氯乙烯制品。

（5）草酸：它是水磨石地面面层抛光材料。

（6）氧化铝：它呈白色粉末状，不溶于水，与草酸混合，可用于水磨石地面面层抛光。

（7）地板蜡：它用于水磨石地面面层磨光后做保护层。

2. 施工工艺流程

水磨石面层的施工工艺流程为：基层处理→抹找平层→弹线、嵌分格条→铺抹面层石粒浆→养护→磨光→涂草酸→抛光上蜡。

三、块材地面施工

块材地面是指采用陶瓷锦砖、地砖、花岗石、人工合成石等铺设的地面。其做法是：先在垫层上或楼板上抹 1∶3 水泥砂浆找平层，然后用水泥砂浆或干粉型胶粘剂粘贴。其花色品种多样，能满足不同装饰要求。此类地面属于刚性地面，只能铺在整体性、刚性均较好的基层上，如铺贴在细石混凝土或预制楼板基层上。如图 1-26 所示。

（一）材料及要求

1. 陶瓷锦砖、地砖

陶瓷锦砖、地砖均为高温烧成的小型块材，表面致密、耐磨、不会变色，其规格、颜色、拼花图案和技术要求均应符合设计规定。

2. 大理石、花岗石平板、人工合成石

大理石、花岗石平板、人工合成石的品种、规格、外形尺寸、平整度、

外观应符合设计要求。

（二）施工工艺流程

块材地面的施工工艺流程为：基层处理→弹线、找规矩→试拼、预排→铺贴→灌缝、养护。

图 1-26　块材地面

四、木质地面施工

当代木地板新型品种很多，特点各异。由于其良好的使用和装饰性，木地板成为建筑装饰中不可缺少的装饰材料。如图 1-27 所示。

图 1-27　木质地面

（一）木地板的种类

木地板有强化木地板、全木地板、复合木地板等几种。

（二）木地板的材料

1. 木材：木材包括木搁栅、垫木，压檐条、剪刀撑和毛地板等，多采用松木或杉木制作，木材的含水率除毛地板外，不应超过 20%。毛地板应采用窑干法干燥的木材，含水率不应大于 12%。普通木地板面层，要求选用坚硬、耐磨、纹理美观、有光泽、耐腐朽、不易变形和开裂的木材；硬木地板宜选用水曲柳、柞木、核桃木等质地优良、材质坚硬、不易腐朽和开裂的木材，经窑干法干燥，含水量不应大于 12%。

2．砖和石料：用于地垄墙和砖墩的砖的强度等级不得低于 MU7.5，采用石料时，不得使用风化石，凡后期强度不稳定或受潮后会降低强度的人造块材均不得使用。

3．胶粘剂：粘结拼花硬木地板面层如用胶粘剂，可选用环氧树脂、聚氨酯、聚醋酸乙烯、酪素胶等。

（三）木地板的构造

木地板地面按其构造不同，有空铺和实铺两种。

1．空铺木地板：空铺木地板由木搁栅、剪刀撑、毛地板和面层板组成，多用于房屋的底层和砖木结构房屋的楼层。

2．实铺木地板：实铺木地板一般直接铺在钢筋混凝土楼板或混凝土垫层上；另一种实铺法是将拼花木地板直接用胶粘剂粘贴在混凝土或水泥砂浆基层上。

五、地毯铺贴地面施工

地毯是一种现代建筑地面装饰材料，它具有吸声、保温、美观、脚感舒适和施工方便等优点，适用于高级宾馆、礼宾场所、会堂等地面装饰。如图 1-28 所示。

图 1-28　地毯铺贴地面

（一）地毯的铺设方法

地毯的铺设方法，可分为活动式与固定式两种，固定式按构造分，又有单层地毯铺地和弹性垫层地毯铺地两种。就铺设范围而言，又有满铺与局部铺设之分。满铺、局铺均可选择活动式和固定式两种方式。

1. 活动式地毯

活动式地毯是指将地毯直接摊铺于基层上，不需固定的一种方法。这种方式适用于临时性铺设地毯的场合或室内墙的四周，有较厚的重物压在上面的部位，以及装饰性的工艺地毯、方块地毯等。

2. 固定式地毯

固定式地毯是指将地毯舒展拉平后，与基层固结，使其不能移动的铺设方法。固定式地毯固定方法有以下两种：①胶粘剂固定：采用胶粘剂将地毯固定在基层上，因地毯直接与基层接触，所以不能加设垫层。②压条（倒刺板）固定：在房间周边地面上安设带有朝天小钩的倒刺板，将地毯背固定在倒刺板的小钩上。这种方法常在地毯下面加设波纹弹性垫层，弹性垫层的铺设是为了增加地毯的弹性、柔软性和防潮性，使脚感更柔软舒适，并易于铺设。

（二）施工工艺流程

满堂铺地毯铺设的施工工艺流程为：清理基层→裁剪地毯→钉卡条、压条→接缝处理→铺接→修整，清理。

六、特殊地面

特殊地面的种类很多，有导电地面、活动地板、环氧地坪、装饰混凝土等。下面主要介绍活动地板和地石丽。

1. 活动地板

活动地板也称装配式地板，它是由规定型号和材质的面板块、框架桁条、可调支架等配件组合拼装而成。该地板具有重量轻、强度大、表面平整、尺寸稳定、面层质感好、装饰性好等特点，此外还有防火、防虫鼠侵害、耐腐蚀等性能。防静电面板主要有铝合金复合石棉塑料贴板、铸铝合金面板、塑料地板、平压刨花板面板等。横梁有镀锌钢板及铝合金横梁，横梁支架有铸铝和钢铁支架等。如图1-29所示为活动地板的构成。

图 1-29　活动地板

2. 装饰混凝土

装饰混凝土采用的是表面处理技术，它在混凝土基层面上进行表面着色强化处理，以达到装饰地面的效果。同时，对着色强化处理过的地面进行渗透保护处理，以达到洁净地面与保养地面的要求。装饰混凝土的构造模式为基层（混凝土）、彩色面层（强化料和脱模料）、保护层（保护剂）这三个基本层面构造，这样的构造是良好性能与经济要求的平衡结果。如图 1-30 所示。

图 1-30　装饰混凝土

装饰混凝土目前有八种不同的材料构成，通过与规范的施工工艺、特制的成型模、边角模和各类专业的施工工具相结合，形成了一种科学的装饰铺面系统。装饰混凝土既可适用于新的混凝土施工，又可进行旧的混凝土改造。它的主要施工工艺有：压模工艺、纸模工艺、喷涂工艺和幻彩工艺。

装饰混凝土是一种近年来流行于美国、加拿大、澳大利亚、欧洲并在世界主要发达国家迅速推广的绿色环保地面材料。它能在原本普通的新旧混凝土表层创造出各种天然大理石、花岗岩、砖、瓦、木地板等铺设效果，具有图形美观自然、色彩真实持久、质地坚固耐用等特点。它的诞生从根本上克服了传统砖、石铺设地面常有的容易松动、凸凹不平、缝隙长草、虫蚁筑穴、容易起尘、路面整体性差、施工周期长、需经常维修等缺点。装饰混凝土结合了传统砖、石铺设地面的美观自然与混凝土的坚固耐用特点，是替代砖、石铺设路面的一种理想新型地面材料。

思考题与习题
答案

【思考题与习题】

1. 整体地面包括_____、_____、_____等。

2. 块材地面的施工工艺流程为：_____。

3. 地毯的铺设方法，可分为_____与_____两种。

4. 地面层从下至上依次由_____、_____和_____等基本层次组成。其次有_____。楼板层从上至下依次由_____、_____和_____等几个基本层次组成。

【能力拓展】

组织参观建筑装饰实训大楼，在老师的指导下，辨别楼地面的种类，说出各种楼地面的做法。

任务4　认识建筑门窗

认识建筑门窗

【任务目标】

通过本工作任务的学习，学生能够了解门窗的分类及其材料。

【学习支持】

建筑门窗是建筑物不可缺少的组成部分，它除了具有采光、通风和交通等作用外，还具有隔热保温的功能。此外，建筑门窗的造型和色彩的选择对建筑物的装饰效果影响也很大，是建筑外围护部分最活泼、技术发展最快的元素。图1-31为中国古建筑木窗。

图 1-31　中国古建筑木窗

门窗的分类

一、门的分类

（一）根据开启方式的不同，门可分为平开门、弹簧门、推拉门、折叠门、卷帘门、旋转门等。

1. 平开门：平开门是水平开启的门，它的铰链装于门扇的一侧与门框相连，使门窗围绕铰链轴转动。门扇有单扇、双扇和内开、外开之分。如图 1-32 所示。

2. 弹簧门：弹簧门的开启方式与普通平开门相同，所不同的是弹簧铰链代替了普通铰链，借助弹簧的力量使门扇能向内、向外开启并经常保持关闭。如图 1-33 所示。

3. 推拉门：推拉门是门扇通过上下轨道，左右推拉滑行进行开关，有单扇和双扇之分。如图 1-34 所示。

4. 折叠门：折叠门可分为侧挂式和推拉式两种。由多扇门构成，每扇门宽度为 500 ~ 1000mm，一般以 600mm 为宜，适用于宽度较大的洞口。如图 1-35 所示。

5. 卷帘门：多用于商店橱窗或商店出入口外侧的封闭口。如图 1-36 所示。

6. 旋转门：由两个固定的弧形门套和垂直旋转的门扇构成。门扇可分为三扇或四扇，绕竖轴旋转。如图 1-37 所示。

图 1-32 平开门

图 1-33 弹簧门

图 1-34 推拉门

图 1-35 折叠门

图 1-36 卷帘门

图 1-37 旋转门

（二）根据主要使用材料的不同，门可分为木门、钢门、铝合金门、塑钢门、塑料门、玻璃钢门等。

（三）根据形式和制造工艺的不同，门可分为镶板门、纱门、实拼门、夹板门等。

（四）根据用途的不同，门可分为外门、内门、防火门、隔声门、保温门、防盗门、密封门、检修门等。

二、窗的分类

（一）根据开启方式的不同，窗可分为固定窗、平开窗、横转旋窗、立转旋窗和推拉窗等。

1．固定窗：固定窗不能开启，一般不设窗扇，只能将玻璃嵌固在窗框上。有时为同其他窗产生相同的立面效果，也设窗扇，但窗扇固定在窗框上。固定窗仅作采光和眺望之用，通常用于只考虑采光而不考虑通风的场合。如图 1-38 所示。由于窗扇固定，玻璃面积可稍大些。

2．平开窗：平开窗在窗扇一侧装铰链，与窗框相连。它与平开门一样，有单扇、双扇之分，可以内开或外开。平开窗构造简单，制作与安装方便，采风、通风效果好，应用最广。如图 1-39 所示。

3．横转旋窗：横转旋窗根据转动轴心位置的不同，有上悬窗、中悬窗、下悬窗之分。上悬窗和中悬窗用于外窗时，通风与防雨效果较好，但也常作为门窗上的气窗形式；下悬窗使用较少。如图 1-40 所示。

图 1-38　固定窗　　　　　　图 1-39　平开窗　　　　　　图 1-40　横转旋窗

4．立转旋窗：立转旋窗转动轴位于上下冒头的中间部位，窗扇可以立向转动。这种窗通风、挡雨效果较好，并易于窗扇的擦洗，但是构造复杂、防止雨水渗漏性能差，故不多用。如图 1-41 所示。

图 1-41　立转旋窗

5．推拉窗：推拉窗分上下推拉和左右推拉两种形式。推拉窗的开启不占空间，但通风面积较小（只有平开窗的一半）。若采用木推拉窗，往往由于木窗较重不易推拉。目前，大量使用的是铝合金推拉窗和塑料推拉窗。如图1-42所示。

图1-42　推拉窗

（二）根据所用材料的不同，窗可分为木窗、钢窗、铝合金窗、玻璃钢窗和塑料窗等几种。

1．木窗：木窗是常见窗的形式。它具有自重轻、制作简单、维修方便、密闭性好等优点，但是木材会因气候的变化而胀缩，有时开关不便，并耗用木材；同时，木材易被虫蛀、易腐朽，不如钢窗经久耐用。如图1-43所示。

2．钢窗：钢窗分空腹和实腹两类。钢窗的特点与钢门相同，与木窗相比，钢窗坚固耐用、防火耐潮、断面小。钢窗的透光率较大，约为木窗的160%，但是造价也比木窗高。如图1-44所示。

3．铝合金窗：铝合金窗除具有钢窗的优点外，还有密闭性好、不易生锈、耐腐蚀、不需刷油漆、美观漂亮、装饰性好等优点，但造价较高，一般用于标准较高的建筑中。如图1-45所示。

4．玻璃钢窗：玻璃钢窗质轻高强，耐腐蚀性极好，但是生产工艺较复杂，造价较高，目前主要用于具有高腐蚀性的场合。如图1-46所示。

5．塑料窗：塑料窗色彩较多，与铝合金一样，都是新型的门窗材料。由于它美观耐用、密闭性好，正逐渐被广泛采用。如图1-47所示。

图 1-43　木窗　　　　　　　图 1-44　钢窗　　　　　　　图 1-45　铝合金窗

图 1-46　玻璃钢窗　　　　　　　　　图 1-47　塑料窗

（三）根据镶嵌材料的不同，窗可分为玻璃窗、纱窗、百叶窗、保温窗及防风纱窗等几种。如图 1-48 所示，由左至右分别为玻璃窗、纱窗、百叶窗。

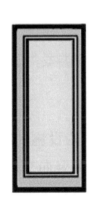
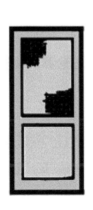
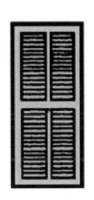

图 1-48　窗的形式（玻璃窗、纱窗、百叶窗）

玻璃窗能满足采光功能要求；纱窗在保证通风的同时可以阻止蚊蝇进入室内；百叶窗一般用于只需通风不需采光的房间，百叶窗分固定百叶窗和活动百叶窗两种，活动百叶窗可以加在玻璃窗外，起遮阳通风的作用。

（四）根据窗在建筑物上开设的位置不同，窗可分为侧窗和天窗两大类。设置在内外墙上的窗，称为"侧窗"；设置在屋顶上的窗，称为"天窗"。

前面所介绍的窗，均为侧窗。当侧窗不能满足采光、通风要求时，可设天窗以增加采光和加强通风。根据构造方式的不同，天窗可分为上凸式天窗、下沉式天窗、平天窗和锯齿形天窗。

【思考题与习题】

1. 根据开启方式的不同，窗可分为_____、_____、_____和_____等。

2. 根据所用材料的不同，窗可分为_____、_____、_____、_____和_____等几种。

3. 窗的作用：_____。

【活动与实践】

组织参观某小区住宅，找出门窗的种类并说出其材料。

思考题与习题
答案

任务 5　认识楼梯形式

【任务目标】

通过本工作任务的学习，学生能够认识楼梯的类型，了解其做法。

【学习支持】

房屋各个不同楼层之间需设置上下交通联系的设施，这些设施有楼梯、电梯、自动扶梯、爬梯、坡道、台阶等。楼梯作为竖向交通和人员紧急疏散的主要交通设施，使用最广泛，如图 1-49 所示；电梯主要用于高层建筑或有特殊要求的建筑；自动扶梯用于人流量大的场所；爬梯用于消防和检修；坡道用于建筑物入口处方便行车用；台阶用于室内外高差之间的联系。

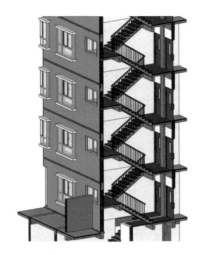

图 1-49　楼梯图

一、楼梯的作用

楼梯作为建筑物垂直交通设施之一，首要的作用是联系上下交通通行；其次，楼梯作为建筑物主体结构还起着承重的作用，除此之外，楼梯有安全疏散、美观装饰等功能。

设有电梯或自动扶梯等垂直交通设施的建筑物也必须同时设有楼梯。在设计中要求楼梯坚固、耐久、安全、防火；做到上下通行方便，便于搬运家具物品，有足够的通行宽度和疏散能力。

二、楼梯的组成

楼梯一般由楼梯段、楼梯平台、栏杆（或栏板）和扶手三部分组成，如图 1-50 所示。楼梯所处的空间称为楼梯间。

1. 楼梯段

楼梯段又称楼梯跑，是楼层之间的倾斜构件，同时也是楼梯的主要使用和承重部分。它由若干个踏步组成。为减少人们上下楼梯时的疲劳和适应人们行走的习惯，一个楼梯段的踏步数要求最多不超过 18 级，最少不少于 3 级。

2. 楼梯平台

楼梯平台是指楼梯梯段与楼面连接的水平段或连接两个梯段之间的水平段，供楼梯转折或使用者略作休息之用。平台的标高有时与某个楼层相一致，有时介于两个楼层之间。与楼层标高相一致的平台称为楼层平台，介于两个楼层之间的平台称为中间平台。

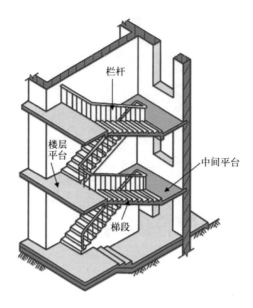

栏杆

楼层
平台

中间平台

梯段

图 1-50 楼梯的组成

3. 楼梯梯井

楼梯的两梯段或三梯段之间形成的竖向空隙称为梯井。在住宅建筑和公共建筑中，根据使用和空间效果不同而确定不同的取值。住宅建筑应尽量减小梯井宽度，以增大梯段净宽，一般取值为 100 ～ 200mm。公共建筑梯井宽度的取值一般不小于 160mm，并应满足消防要求。

4. 栏杆（栏板）和扶手

栏杆（栏板）和扶手是楼梯段的安全设施，一般设置在梯段和平台的临空边缘。要求它必须坚固可靠，有足够的安全高度，并应在其上部设置供人们的手扶持用的扶手。在公共建筑中，当楼梯段较宽时，常在楼梯段和平台靠墙一侧设置靠墙扶手。

三、楼梯的设计要求

楼梯作为建筑空间竖向联系的主要部件，其位置应明显，起到提示引导人流的作用，并要充分考虑其造型美观、人流通行顺畅、行走舒适、结合坚固、防火安全等，同时还应满足施工和经济条件的要求。因此，需要合理地选择楼梯的形式、坡度、材料、构造做法，精心地处理好其细部构造，设计时需综合权衡这些因素。

1. 作为主要楼梯，应与主要出入口邻近，且位置明显；同时还应避免垂直交通与水平交通在交接处拥挤、堵塞。

2. 楼梯的间距，数量及宽度应经过计算满足防火疏散要求。楼梯间内不得有影响疏散的凸出部分，以免挤伤人。楼梯间除允许直接对外开窗采光外，不得向室内任何房间开窗；楼梯间四周墙壁必须为防火墙；对防火要求高的建筑物特别是高层建筑，应设计成封闭式楼梯或防烟楼梯。

3. 楼梯间必须有良好的自然采光。

四、楼梯的类型

建筑中楼梯的形式较多，楼梯的分类一般可按以下原则进行：

1. 按楼梯的材料分类

按楼梯的材料分类有钢筋混凝土楼梯、钢楼梯、木楼梯及组合材料楼梯。

2. 按照楼梯的位置分类

按照楼梯的位置分类有室内楼梯和室外楼梯。

3. 按照楼梯的使用性质分类

按照楼梯的使用性质分类有主要楼梯、辅助楼梯、疏散楼梯及消防楼梯。

4. 按照楼梯间的平面形式分类

按照楼梯间的平面形式分类有开敞楼梯间、封闭楼梯间、防烟楼梯间，如图 1-51 所示。

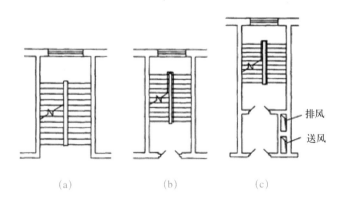

图 1-51 楼梯间平面形式
(a) 开敞楼梯间；(b) 封闭楼梯间；(c) 防烟楼梯间

5. 按楼梯的平面形式分类

按楼梯的平面的形式不同，可分为如下几种：

（1）单跑楼梯

如图 1-52（a）所示，单跑楼梯不设中间平台，由于其梯段踏步数不能超过 18 步，所以一般用于层高较低的建筑内。

（2）交叉式楼梯

如图 1-52（b）所示，由两个直行单跑梯段交叉并列布置而成。通行的人流量较大，且为上下楼层的人流提供了两个方向，对于空间开敞，楼层人流多方向进入有利，但仅适合于层高低的建筑。

（3）双跑楼梯

双跑楼梯由两个梯段组成，中间设休息平台。

图 1-52（c）为双跑折梯，这种楼梯可通过平台改变人流方向，导向较自由。折角可改变，当折角 ≥ 90° 时，由于其行进方向似直行双跑梯，故常用于仅上二层楼的门厅、大厅等处。当折角 < 90° 成锐角时，往往用于不规则楼梯间。

图 1-52（d）为双跑直楼梯。直楼梯也可以是多跑（超过两个梯段）的，用于层高较高的楼层或连续上几层的高空间。这种楼梯给人以直接、顺畅的感受，导向性强，在公共建筑中常用于人流较多的大厅。用在多层楼面时会增加交通面积并加长人流行走的距离。

图 1-52（e）为双跑平行楼梯，这种楼梯由于上完一层楼刚好回到原起步方位，与楼梯上升的空间回转往复性吻合，比直跑楼梯省面积并缩短人流行走距离，是应用最为广泛的楼梯形式。

（4）双分双合式平行楼梯

图 1-52（f）为双分式平行楼梯，这种形式是在双跑平行楼梯基础上演变出来的。第一跑位置居中且较宽，到达中间平台后分开两边上，第二跑一般是第一跑的 1/2 宽，两边加在一起与第一跑等宽。通常用在人流多，需要梯段宽度较大时。由于其造型严谨对称，经常被用作办公建筑门厅中的主楼梯。如图 1-52（g）所示为双合式平行楼梯，情况与双分式楼梯相似。

（5）剪刀式楼梯

如图 1-52（h）所示，剪刀式楼梯实际上是由两个双跑直楼梯交叉并列布置而形成的。它既增大了人流通行能力，又为人流变换行进方向提供了方便。适用于商场、多层食堂等人流量大，且行进方向有多向性选择要求的建筑中。

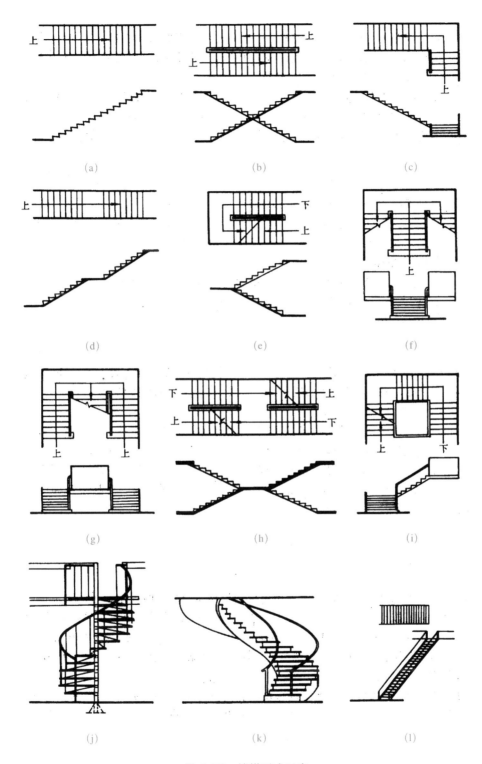

图 1-52　楼梯形式示意

（a）单跑楼梯；（b）交叉式楼梯；（c）双跑楼梯；（d）双跑直楼梯；（e）双跑平行楼梯；（f）双分式平行楼梯；（g）双
合式平行楼梯；（h）剪刀式楼梯；（i）转折式三跑楼梯；（j）螺旋楼梯；（k）弧形楼梯；（l）专用楼梯

（6）转折式三跑楼梯

如图 1-52（i）所示，这种楼梯中部形成较大梯井，有时可利用作电梯井位置。由于有三跑梯段，踏步数量较多，常用于层高较大的公共建筑中。

（7）螺旋楼梯

如图 1-52（j）所示，螺旋楼梯平面呈圆形，通常中间设一根圆柱，用来悬挑支承扇形踏步板。由于踏步外侧宽度较大，并形成较陡的坡度，行走时不安全，所以这种楼梯不能用作主要人流交通和疏散楼梯。螺旋楼梯构造复杂，但由于其流线型造型比较优美，故常作为观赏楼梯。

（8）弧形楼梯

如图 1-52（k）所示，弧形楼梯的圆弧曲率半径较大，其扇形踏步的内侧宽度也较大，使坡度不至于过陡。一般规定这类楼梯的扇形踏步上、下级所形成的平面角不超过 10°，且每级离内扶手 0.25m 处的踏步宽度超过 0.22m 时，可用作疏散楼梯。弧形楼梯常用作布置在大空间公共建筑门厅里，用来通行一至二层之间较多的人流，也丰富和活跃了空间处理。但其结构和施工难度较大，成本高。

【思考题与习题】

1. 楼梯的作用有：＿＿＿＿＿＿＿＿＿＿＿＿＿＿＿＿＿＿＿＿＿＿。

2. 楼梯一般由＿＿＿＿＿＿、＿＿＿＿＿＿、＿＿＿＿＿＿三部分组成。

3. 按楼梯的平面形式不同，可分为＿＿＿＿＿＿＿＿＿＿＿＿＿＿＿＿。

【活动与实践】

以小组为单位，上网查找楼梯实例图片，并展示至少八种不同的楼梯。

思考题与习题
答案

任务 6　认识建筑幕墙

【任务目标】

通过本工作任务的学习，学生能够辨别幕墙的种类，了解其做法。

【学习支持】

随着科学的进步，外墙装饰材料和施工技术也在突飞猛进的发展，产生了玻璃幕墙、金属幕墙、石材幕墙、陶板幕墙等一大批新型外墙装饰形式，而且越来越向着环保、节能、智能化方向发展，使我们的建筑显出亮丽风光和现代化的气息。

建筑幕墙是指由金属构件与各种板材组成的悬挂在主体结构上、不承担主体的结构荷载与作用的建筑外维护结构。

建筑幕墙按其面层材料的不同可分为玻璃幕墙（图 1-53）、金属幕墙（图 1-54、图 1-55）、石材幕墙（图 1-56）、陶板幕墙（图 1-57）、组合（不同材料和做法）幕墙（图 1-58）等。

建筑幕墙按其表面形式不同分为平面造型幕墙、折面造型幕墙（图 1-59）、曲面造型幕墙（图 1-60）、球面造型幕墙等（图 1-61）。

图 1-53 玻璃幕墙实例

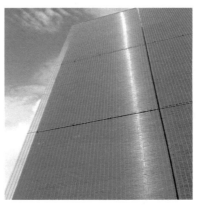
图 1-54 不锈钢织物幕墙实例

图 1-55 铝单板幕墙实例

图 1-56 天然石材幕墙实例

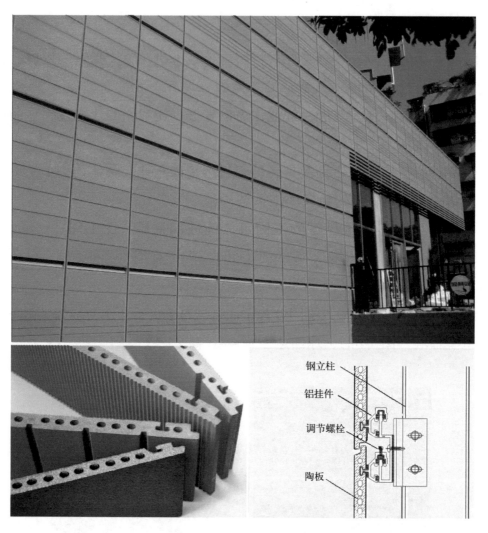

图 1-57　陶板幕墙及做法实例

图 1-58　花岗石与玻璃组合幕墙实例

图 1-59　折面造型幕墙实例

图 1-60　曲面造型幕墙实例　　　　图 1-61　球面造型幕墙实例

一、玻璃幕墙

（一）玻璃幕墙的分类及基本技术要求

1. 玻璃幕墙的分类

玻璃幕墙分有框玻璃幕墙和无框全玻璃幕墙。

有框玻璃幕墙：金属框架的构件显露于面板外表面的框支承玻璃幕墙。如图 1-62 所示。

图 1-62　有框玻璃幕墙

无框全玻璃幕墙：金属框架的构件完全不显露于面板外表面的框支承玻璃幕墙。如图 1-63 所示。

图 1-63　无框全玻璃幕墙

2. 玻璃幕墙的基本技术要求

（1）玻璃

玻璃幕墙的玻璃种类很多，有中空玻璃、钢化玻璃、半钢化玻璃、夹层玻璃、防火玻璃等。玻璃表面可镀膜，形成镀膜玻璃。中空镀膜玻璃在玻璃幕墙中应用广泛，它具有优良的保温、隔热、隔声和节能效果。

幕墙宜采用钢化玻璃、半钢化玻璃、夹层玻璃。有保温隔热性能要求的幕墙宜选用中空玻璃。

为减少玻璃幕墙的眩光和辐射热，宜采用低辐射率镀膜玻璃。因镀膜玻璃的金属镀膜层易氧化，不宜单层使用，只能用于中空和夹层玻璃的内侧。它可以有效降低能耗，节约能源，使建筑物通透，突出自然采光，是目前先进的绿色环保玻璃。

（2）骨架

玻璃幕墙的骨架除了有足够的承载力、刚度外，还应有较高的耐久性，以保证幕墙的安全耐久。玻璃幕墙中采用的钢材（除不锈钢外），应进行表面热渗镀锌。粘接隐框玻璃的硅酮密封结构胶（简称结构胶）十分重要，结构胶应有与接触材料的相容性试验报告，并有保险年限的质量证书。点式连接玻璃幕墙的连接件和连系杆等采用高强金属材料或不锈钢精加工制作，有的还要承受很大的受预应力，技术要求高。

（二）有框玻璃幕墙

有框玻璃幕墙的类别不同其构造形式也不同，现以铝合金全隐框玻璃幕墙为例说明其构造。所谓全隐框是指玻璃组合件固定在铝合金框架的外侧，从室外观看只见幕墙玻璃及分格线，铝合金框架完全隐藏在玻璃幕后面。

1. 有框玻璃幕墙的组成

有框玻璃幕墙由幕墙立柱、横梁、玻璃、主体结构、预埋件、连接件，以及连接螺栓、垫杆和胶缝、开启扇等组成。

2. 施工工艺流程

幕墙施工工艺流程为：

测量、放线→调整和后置预埋件→确认主体结构轴线和各面中心线→以中心线为基准向两侧排基准竖线→按图样要求安装钢连接件和立柱、校正误差→钢连接件满焊固定、表面防腐处理→安装横框→上、下边封修→安装玻璃组件→安装开启窗扇→填充泡沫棒并注胶→清洁、整理→检查、验收。

玻璃幕墙工序多、技术和安装精度要求高，应由专业幕墙公司设计、施工。

（三）全玻璃幕墙

由玻璃板和玻璃肋制作的玻璃幕墙称为全玻璃幕墙。它通透性好、造型简洁明快。由于该幕墙通常采用较厚的玻璃，所以隔声效果较好，被广泛应用于各种底层公共空间的外装饰。

1. 全玻璃幕墙的分类

全玻璃幕墙根据构造方式的不同，分为坐落式、吊挂式和点式连接三种。

2. 全玻璃幕墙

（1）坐落式全玻璃幕墙

坐落式全玻璃幕墙为了加强玻璃板的刚度、保证玻璃幕墙整体在风压等水平荷载作用下的稳定性，构造中应加设玻璃肋。

（2）吊挂式全玻璃幕墙

当幕墙玻璃高度超过一定高度时，采用吊挂式全玻璃幕墙做法是一种好方法。

（3）点式连接玻璃幕墙

点式连接玻璃幕墙是指在幕墙玻璃四角打孔，用幕墙专用钢爪将玻璃连接起来并将荷载传给相应构件，最后传给主体结构的幕墙做法。图 1-64 为点式连接玻璃幕墙。

图 1-64　点式连接玻璃幕墙

这种做法体现设计的高技派风格及当今时代的技术美倾向。它追求建筑物内外空间的更多融合，人们可透过玻璃清晰地看到支承玻璃的整个构架体系，使得这些构架体系从单纯的支承作用转向具有形式美、结构美的元素，具有强烈的装饰效果，为人们所喜爱。点式连接玻璃幕墙，被广泛应用于各种大型公共建筑中共享空间的外装饰。

（4）施工工艺流程

全玻璃幕墙施工工艺流程为：

定位放线→上部钢架安装（支撑结构制作安装）→下部和侧面嵌槽安装（索桁架安装、索杆架张拉）→玻璃肋、玻璃板安装就位→嵌固及注胶密封→表面清洗和验收。

二、石材幕墙

石材幕墙是指利用金属挂件将石材饰面板直接悬挂在主体结构上，或当主体结构为混凝土框架时，先将金属骨架悬挂于主体结构上，然后再利用金属挂件将石材饰面板挂接在金属骨架上的幕墙。前者称为直接式干挂幕墙，后者称为骨架式干挂幕墙。如图 1-65 所示。

图 1-65　石材幕墙

（一）石材幕墙的分类

1. 短槽式石材幕墙

在幕墙石板侧边中间开短槽，用不锈钢挂件挂接、支撑石板的做法。短槽式做法构造简单，技术成熟、目前应用较多。

2. 通槽式石材幕墙

在石板侧边中间开通槽，嵌入和安装通长金属卡条，石板固定在金属卡条上的做法。此种做法应用较少。

3. 钢销式石材幕墙

在石板侧边打孔，穿不锈钢钢销将两块石板连接，钢销与挂件连接，将石材挂接起来的做法。此做法目前已较少应用。

4. 背栓式石材幕墙

在石板背面钻四个扩底孔，孔中安装柱锥式锚栓，然后再把锚栓通过连接件与幕墙的横梁相接的幕墙做法。背栓式是石材幕墙的新型做法，它受力合理、维修更换方便，是引进技术，目前正在应用、推广中。

（二）石材幕墙的组成和构造

石材幕墙由石材面板、不锈钢挂件、钢骨架及预埋件、连接件和石材拼缝嵌胶等组成。

直接式干挂幕墙将不锈钢挂件安装于主体结构上，无需钢骨架，此做法要求主体结构墙体承载力高，否则应采用骨架式干挂。幕墙的横梁、立柱等骨架可采用型钢或铝型材。

（三）施工工艺流程

干挂石材幕墙安装施工工艺流程为：

测量放线→预埋件位置尺寸检查→金属骨架安装→钢结构刷防锈漆→防火保温棉安装→石材干挂→嵌填密封胶→石材幕墙表面清理→工程验收。

三、金属幕墙

以铝塑复合板、铝单板、蜂窝铝板等作为饰面的金属幕墙的应用已比较普遍，它们具有艺术表现力强、色彩丰富，以及质量轻、抗震好、安装和维修方便等优点，为越来越多的建筑外装饰所采用。如图 1-66 所示。

（一）金属幕墙的分类

金属幕墙按照面板材质不同分为铝单板、蜂窝铝板、搪瓷板、不锈钢板幕墙等。还有用两种以上材料构成的金属复合板，如铝塑复合板、金属夹心板幕墙。

金属幕墙面板按表面处理不同分为光面板、亚光板、压型板、波纹板等。

图 1-66　金属幕墙

（二）金属幕墙的组成和构造

1. 金属幕墙的组成

金属幕墙是由金属饰面板、连接件、金属骨架、预埋件、密封条和胶缝等组成。

2. 金属幕墙的构造

金属幕墙的构造与石材幕墙基本相同。其安装方法也有直接式安装和骨架式安装两种。与石材幕墙构造不同的是金属面板采用折边加副框的方法形成组合件，再进行安装。

3. 金属幕墙施工工艺流程

金属幕墙施工工艺流程与石材幕墙基本相同。

【思考题与习题】

1. 全玻璃幕墙的定义：_____。

2. 玻璃幕墙分_____和_____。

3. 建筑幕墙按面层材料的不同可分为_____、_____、_____、_____等。

【活动与实践】

实地参观某商住楼，在老师的指导下，辨认幕墙的种类，说出该幕墙的施工工艺流程。

思考题与习题
答案

单元 2
建筑结构类型认知

【单元概述】

　　建筑结构是指在建筑物（包括构筑物）中，由建筑材料做成用来承受各种荷载或者作用，以起骨架作用的空间受力体系。建筑结构构成建筑物并为使用功能提供空间环境的支承体，承担着建筑物的重力、风力撞击、振动等作用下所产生的各种荷载；同时又是影响建筑构造、建筑经济和建筑整体造型的基本因素。按建筑物以其结构类型的不同，可以分为砖木结构、砖混结构、钢筋混凝土结构和钢结构四大类。

【单元目标】

　　通过本单元的学习，学生能够认识和了解砖混结构、框架结构、剪力墙结构的受力特点及应用。

任务 1　认识砖混结构

【任务描述】

　　砖混结构是指建筑物中竖向承重结构的墙、柱等采用砖或者砌块砌筑，横向承重的梁、楼板、屋面板等采用钢筋混凝土结构。也就是说砖混结构是以小部分钢筋混凝土及大部分砖墙承重的结构。砖混结构是混合结构的一种，是采用砖墙来承重，钢筋混凝土梁柱板等构件构成的混合结构体系。适合开间进深较小，房间面积小，多层或低层的建筑，对于承重墙体不能改动。图 2-1 为砖混结构。

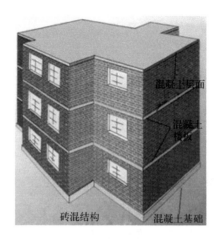

混凝土屋面
混凝土楼板
砖混结构
混凝土基础

图 2-1　砖混结构

通过本工作任务的学习，学生能够说出砖混结构的受力特点及其应用。

【学习支持】

一、概述

19 世纪中叶以后，随着水泥、混凝土和钢筋混凝土的应用，砖混结构建筑迅速兴起。高强度砖和砂浆的应用，推动了高层砖承重建筑的发展。19 世纪末叶美国芝加哥建成 16 层的砖承重墙大楼。1958 年瑞士用 600 号多孔砖建造 19 层塔式公寓，墙厚仅为 380mm。世界各国都很重视用来砌筑墙体的砌块材料的生产。砌块材料有砖、普通混凝土砌块、轻混凝土砌块等。当前，黏土砖仍是砌筑墙体的一种基本材料。

墙体是砖混结构房屋中的主要承重构件，按墙体在房屋中的位置，可分为内墙和外墙；按墙体在房屋中的方向，可分为纵墙和横墙；按墙体在房屋中的受力情况，又有自承重墙和承重墙之分（自承重墙只承受其本身的自重和水平力；承重墙除承受本身的自重和水平力外，还承受楼面、屋面传来的垂直荷载），墙体类型如图 2-2 所示。

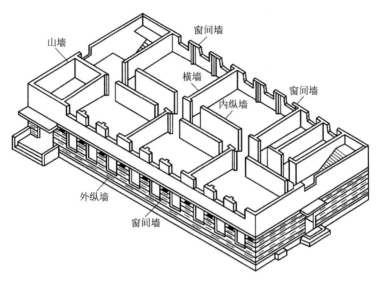

图 2-2　墙体类型

二、砖混结构的特点

（一）砖混结构的优点

1. 便于就地取材。砖是由黏土烧制而成的，能制砖的黏土及烧砖的燃料如煤炭和柴草几乎到处都有。因此砖瓦厂可以说到处都有，制砖技术也比较普及，各地都能制砖。砂、石也是地方材料，可以说有山的地方都有砂石原料，有的江河湖海中也可捞取到砂子。

2. 便于施工。砖墙的砌筑只需要技术熟练的工人进行手工操作，当楼板采用预制多孔板时就更不需要特别的机械设备。它适宜于山区和小城镇建造，也适宜于旧城的街坊改造。

3. 造价低廉。与现浇钢筋混凝土相比，砖混结构可节约大量的水泥、钢筋和木材。寒冷季节可以采用成本最低的冻结法施工，它所用的地方材料多、运输距离短、价格便宜。

4. 耐火、耐久。砖石具有良好的耐火性和较好的耐久性，所以，就发展趋势而言，砖混结构依然是不可取代的一种建筑结构。

（二）砖混结构缺点

1. 强度较低，房屋层数受到限制。

2. 抗震性能差，在地震地区使用也受到一定限制。

3. 墙体砌筑工程繁重，施工进度慢。

4. 烧砖取土破坏农田。

三、房屋的结构布置方案

根据结构的承重体系及荷载传递路径的不同，砖混结构房屋的结构布置方案可分为以下四种：

1. 横墙承重方案（图 2-3a）

用平行于山墙的横墙来支承楼层。常用于平面布局有规律的住宅、宿舍、旅馆、办公楼等小开间的建筑。横墙兼作隔墙和承重墙之用，间距为 3 ~ 4m。横墙是主要的承重墙。纵墙主要起围护、隔断和将横墙连成整体的作用。其荷载的主要传递路径是：屋（楼）面荷载→横墙→基础→地基。

2. 纵墙承重方案（图 2-3b）

用檐墙和平行于檐墙的纵墙支承楼层，开间可以灵活布置，但建筑物刚度较差，立面不能开设大面积门窗。纵墙是主要的承重墙。其荷载的主要传递路径是：屋（楼）面荷载→纵墙→基础→地基。

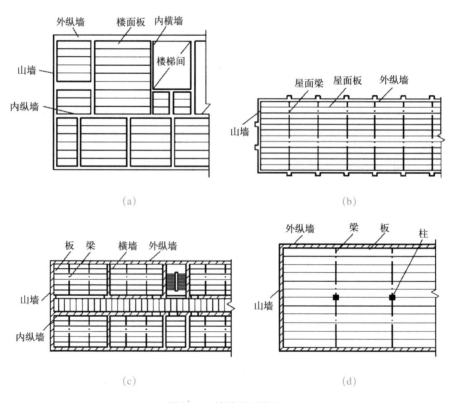

图 2-3　墙体承重体系

(a) 横墙承重方案；(b) 纵墙承重方案；(c) 纵横墙承重方案；(d) 内框架承重方案

3.纵横墙承重方案（图 2-3c）

楼板一部分搁置在横墙上，另一部分搁置在大梁上，而大梁搁置在纵墙上，由纵墙和横墙混合承受楼（屋）面荷载，形成纵横墙混合承重方案。其荷载的主要传递路径是：屋（楼）面荷载→纵墙及横墙→相应基础→地基。

4.内框架承重方案（图 2-3d）

楼板沿纵向铺设在大梁上，大梁一端搁在纵墙上，另一端则与柱整体连接，形成内框架。外墙和内部钢筋混凝土柱都是主要的竖向承重构件。其荷载的主要传递路径是：楼（屋）面荷载→外墙、框架柱→基础→地基。

上述四种方案的特点，可列表比较见表 2-1。

承重方案的比较 　　　　　　　　　　　　　　　　　　　　　表 2-1

方案	平面布置	刚度	材料	适用范围
纵墙承重	室内空间较大，使用布置灵活	横向刚度较差	楼、屋盖用材料多，墙使用材料少	要求空间大的房屋如厂房、仓库等
横墙承重	横墙较密，布置受限制	横向刚度好	墙体用材料多，楼、屋盖用材料少	横墙间距较密的房屋，如住宅、宿舍、旅馆、招待所
混合承重	布置比较灵活	两个方向刚度均较好	介于纵墙承重和横墙承重之间	较大空间的房屋，如教室、实验楼、办公楼或塔式住宅等
内框架承重	布置灵活、易满足使用要求	空间刚度较差	与全框架相比节省钢材、水泥等	多层工业厂房、仓库、商店等

【思考题与习题】

1.列出砖混结构的优点与缺点。

2.列出砖混结构承重方案及其特点。

3.以小组为单位，上网查找至少五栋砖混结构的实例，并叙述其承重方案及受力特点。

思考题与习题
答案

【能力拓展】

以小组为单位，上网查找至少五栋砖混结构的实例，并叙述各自的承重方案及受力特点。

认识框架结构

任务 2　认识框架结构

【任务描述】

由梁和柱为主要构件组成的承受竖向和水平作用的结构称为框架结构，图 2-4、图 2-5 分别为框架结构的三维、平面、剖面示意图。

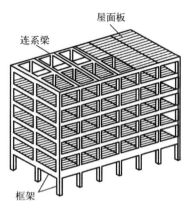

图 2-4　框架结构

框架结构体系的特点是将承重结构和围护、分隔构件分开，墙只起围护及分隔作用。由于框架结构平面布置灵活，容易满足生产工艺和使用要求，构件易于标准化制作，同时具有较高的承载力和整体性能，广泛用于多层工业厂房及多、高层办公楼、旅馆、教学楼、医院、住宅等。但在水平荷载作用下，其抗侧刚度小、水平位移大，因此使用高度受到限制。框架结构的适用高度地震区为 6 ~ 15 层，非地震区为 15 ~ 20 层。

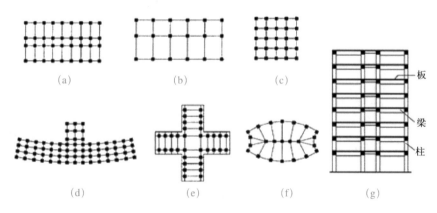

图 2-5　框架结构平面布置和剖面示意

通过本工作任务的学习，学生能够说出框架结构的受力特点及其应用。

【学习支持】

一、框架结构类型

框架结构按照施工方法的不同，可分为全现浇式框架、半现浇式框架、装配式框架和装配整体式框架四种形式。

1. 全现浇式框架

全现浇式框架的全部构件都在现场浇筑而成。它的优点是结构整体性及抗震性好，平面布置比较灵活，预埋件少，节省钢材等。缺点是需耗用大量模板，现场湿作业多，工期长，在北方寒冷地区冬期施工很困难。对功能复杂，使用要求高，抗震性要求较高的多、高层框架，宜采用全现浇框架。

2. 半现浇式框架

半现浇式框架是将房屋结构中的梁、板和柱部分现浇，部分预制装配而形成的结构形式。常见的做法有两种：一种是梁、柱现浇，板预制；另一种是柱现浇，梁、板预制。它的优点是施工简单，整体性较全装配式好，由于楼板预制，又比全现浇式节约模板，省去了现场支模的麻烦。半现浇框架是目前采用较多的框架形式之一。

3. 装配式框架

装配式框架的构件（板、梁、柱）全部预制，然后在施工现场进行安装就位，对预埋件焊接而成的框架形式。它的优点是节约模板、加快施工进度，可以做到构件的标准化和定型化，构件质量保证。缺点是预埋件多，总用钢量大，框架整体性差，施工时需要大型运输及吊装机械，在地震区不宜采用。

4. 装配整体式框架

装配整体式框架的构件（板、梁、柱）全部预制，在现场安装就位后，再在构件连接处局部现浇混凝土使之形成整体。它兼有现浇整体式和装配式框架的一些优点，节约模板和缩短工期，省去众多的预埋铁件，节点用钢量减少，保证了节点的刚度，结构整体性较好。缺点是增加了现场浇筑混凝土的工作量，施工相对复杂。

二、受力特点

在竖向荷载和水平荷载作用下，框架结构各构件将产生内力和变形。框架结构的侧移一般由两部分组成：由水平力引起的楼层剪力，使梁、柱构件产生弯曲变形，形成框架结构的整体剪切变形；由水平力引起的倾覆力矩，使框架柱产生轴向变形（一侧柱拉伸，另一侧柱压缩），形成框架结构的整体弯曲变形。

当框架结构房屋的层数不多时，其侧移主要表现为整体剪切变形，整体弯曲变形的影响很小。

三、框架结构体系的优缺点

优点：

1．建筑平面布置灵活，能获得大空间（特别适用于商场、餐厅等），也可按需要做成小房间；

2．建筑立面容易处理；结构自重较轻；

3．计算理论比较成熟；

4．在一定高度范围内造价较低。

缺点：

1．框架节点应力集中显著；

2．框架结构的侧向刚度小，属柔性结构框架，在强烈地震作用下，结构所产生水平位移较大，易造成严重的非结构性破坏；

3．对于钢筋混凝土框架，当高度大、层数相当多时，结构底部各层不但柱的轴力很大，而且梁和柱由水平荷载所产生的弯矩亦显著增加，从而导致截面尺寸和配筋增大，对建筑平面布置和空间处理，就可能带来困难，影响建筑空间的合理使用，在材料消耗和造价方面，也趋于不合理；

4．钢材和水泥用量较大，构件的总数量多，吊装次数多，接头工作量大，工序多，浪费人力，施工受季节、环境影响较大。

四、框架结构布置

框架结构布置主要是确定柱在平面上的排列方式（柱网布置）和选择结构承重方案，这些均必须满足建筑平面及使用要求，同时也须使结构受力合理，施工简单（图2-6）。

在框架结构体系中，主要承受楼面和屋面荷载的梁称为框架梁，而另一方向的梁称为连系梁。楼盖的荷载可传递到纵、横两个方向的框架上，其中框架梁和柱组成主要承重框架，连系梁和柱组成非主要承重框架。若采用双向板，则纵、横框架都是承重框架。承重框架的布置方案有以下三种：

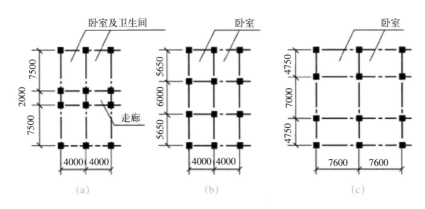

图 2-6　民用建筑柱网布置

1. 横向布置方案

主要承重框架由横向主梁（框架梁）与柱构成，楼板沿纵向布置，支承在主梁上，而纵向连系梁则将横向框架连成一空间结构体系，如图 2-7（a）所示。采用这种布置方案有利于增大房屋的横向刚度以抵抗横向的水平作用，由于纵梁尺寸小，利于房间的采光和通风。其缺点是主梁尺寸较大使房屋的净高受限。

2. 纵向布置方案

主要承重框架由纵向主梁（框架梁）与柱构成，楼板沿横向布置，支承在纵向主梁上，而横向连系梁则将纵向框架连成一空间结构体系，如图 2-7（b）所示。采用该方案时，房间布置灵活，采光和通风好，有利于提高房屋净高，其缺点是横向刚度较差，故只适用于层数较少的房屋。

3. 纵横向混合布置方案

沿房屋纵、横两个方向都布置有承重框架，如图 2-7（c）所示。采用这种方案时，使纵、横两个方向都获得较大的刚度，柱网尺寸为正方形或接近正方形，具有较好的整体工作性能，目前地震区的多层框架房屋及要求双向承重的工业厂房常采用该方案。

五、材料要求

1．混凝土：有抗震设防要求的混凝土结构的强度等级应符合下列要求：设防烈度为 9 度时，混凝土强度等级不宜超过 C60；设防烈度为 8 度时，混凝土强度等级不宜超过 C70；当按一级抗震等级设计时，混凝土强度等级不

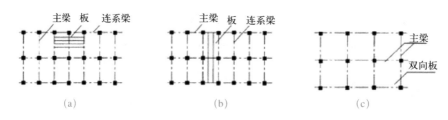

图 2-7　框架结构布置

(a) 横向布置方案；(b) 纵向布置方案；(c) 纵横向混合布置方案

应低于 C30；当按二、三级抗震等级设计时，混凝土强度等级不应低于 C20。

2．钢筋：有抗震设防要求的钢筋应符合下列要求：结构构件中的普通纵向受力钢筋宜选用 HRB400 级热轧钢筋；箍筋宜选用 HRB400、HPB300 级热轧钢筋。

【思考题与习题】

1．承重框架的布置方案有_____、_____、_____三种。

2．框架结构按照施工方法的不同，可分为_____框架、_____框架、_____框架和_____框架四种形式。

3．框架结构体系的特点_____。

【能力拓展】

组织参观框架结构工地，在老师的指导下，认识框架结构的基本组成。

思考题与习题
答案

任务 3　认识框架－剪力墙结构

【任务描述】

框架－剪力墙结构，俗称为框剪结构。主要结构是框架，由梁柱构成，小部分是剪力墙。墙体全部采用填充墙体，由密柱高梁空间框架或空间剪力墙所组成，在水平荷载作用下起整体空间作用的抗侧力构件。适用于平面或竖向布置繁杂、水平荷载大的高层建筑。

　　框剪结构体系综合了框架结构和剪力墙结构的优点，其中竖向荷载主要由框架承担，水平荷载则主要由剪力墙承担，如图 2-8、图 2-9 所示。

　　框架 - 剪力墙结构的侧向刚度较大，抗震性较好，具有平面布置灵活、使用方便的特点，广泛应用于办公楼和宾馆等公共建筑中，框架 - 剪力墙体系的适用高度为 15 ～ 25 层，一般不宜超过 30 层。

　　通过本工作任务的学习，学生能够认识框架 – 剪力墙结构的特点及其应用。

【学习支持】

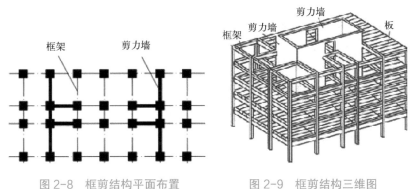

图 2-8　框剪结构平面布置　　　　图 2-9　框剪结构三维图

一、受力特点

　　框剪结构是当代高层建筑设计普遍采用的结构形式，全称为"框架剪力墙结构"（frame-shear wall structure）该结构是在框架结构中布置一定数量的剪力墙，构成灵活自由的使用空间，满足不同建筑功能的要求，足够数量的剪力墙使建筑本身拥有相当大的刚度。框剪结构的受力特点是框架和剪力墙结构两种不同的抗侧力结构组成的新的受力结构形式，所以它的框架不同于纯框架中的框架，剪力墙在框剪结构中也不同于纯剪力墙结构中的剪力墙，因为在下部楼层剪力墙的位移较小，它拉着框架按弯曲型曲线变形，剪力墙承受大部分水平力，上部楼层则相反，剪力墙位移越来越大，有外侧的趋势，而框架则有内收的趋势，框架拉剪力墙按剪切型曲线变形，框架除了负担荷载产生的水平力外，还额外负担了把剪力墙拉回来的附加水平力，剪力墙不但不承受荷载产生的水平力，还因为给框架一个附加水平力而承受负剪力，所以上部楼层即使外荷载产生的楼层剪力很小，框架中也出现相当大的剪力，框架剪力墙结构中的剪力墙可以单独设置，也可以利用电梯井、楼梯间、管道井等墙体。

二、剪力墙的布置

1. 剪力墙的数量

通过多次地震中实际震害的情况表明：在钢筋混凝土结构中，剪力墙数量越多，地震震害减轻得越多。框架结构在强震中大量破坏、倒塌，而剪力墙结构震害轻微。

因此，一般来说，多设剪力墙对抗震是有利的。但是，剪力墙超过了必要的限度，是不经济的。剪力墙太多，虽然有较强的抗震能力，但由于刚度太大，周期太短，地震作用要加大，不仅使上部结构材料增加，而且带来基础设计的困难。另外，框剪结构中，框架的设计水平剪力有最低限值，剪力墙再增多，框架的材料消耗也不会再减少。所以，单从抗剪的角度来说，剪力墙数量以多为好；从经济性来说，剪力墙则不宜过多，因此，有一个剪力墙的合理数量问题。

2. 剪力墙的布置

（1）框架 - 剪力墙结构应设计成双向抗侧力体系。抗震设计时，结构两主轴方向均应布置剪力墙。

（2）框架 - 剪力墙结构中，主体结构构件之间除个别节点外不应采用铰接。

（3）梁与柱或柱与剪力墙的中线宜重合。

（4）框架 - 剪力墙结构中剪力墙的布置宜符合下列要求：

1）剪力墙宜均匀布置在建筑物的周边附近、楼梯间、电梯间、平面形状变化及恒载较大的部位，剪力墙间距不宜过大；

2）平面形状凹凸较大时，宜在凸出部分的端部附近布置剪力墙；

3）纵、横剪力墙宜组成 L 形、T 形和 [形等形式；

4）单片剪力墙底部承担的水平剪力不宜超过结构底部总水平剪力的40%；

5）剪力墙宜贯通建筑物的全高，宜避免刚度突变，剪力墙开洞时，洞口宜上下对齐；

6）楼、电梯间等竖井宜尽量与靠近的抗侧力结构结合布置；

7）抗震设计时，剪力墙的布置宜使结构各主轴方向的侧向刚度接近。

三、框剪结构设计及施工的特点

在建设用地日益紧张的今天，高层框剪结构的建筑设计被广泛采用，高层框剪结构一般都设计地下室，基础采用筏形基础全现浇混凝土结构，在高层建筑群体建筑设计中，一般利用地下室或架空层与各主楼连接，主楼基础与地下室连接，连接部分的基础之间设置后浇带，后浇带一般设计要求在主楼主体封顶后再进行浇筑，高层框剪结构建筑根据设计的高度和层数不同，每平方米含钢量在 55 ～ 85kg 之间，设计选用的钢材，主受力钢筋一般采用 HRB400 级热轧钢筋，构造钢筋一般选用 HRB400、HPB300 级热轧钢筋，混凝土设计一般采用 C50 、C40 、C35 三个等级的混凝土，也有个别采用 C55、C60 等级的。

当前，框剪结构施工较流行的工艺为：采用现场搭设钢管脚手架作为承重和支撑体系，采用现场加工木模板作为混凝土构件的成型模具，钢筋采用直螺纹连接和竖向对焊；城市市区施工采用商品混凝土，郊区施工条件允许可自设大型搅拌站，混凝土现浇采用混凝土输送泵进行浇筑，振捣采用插入式振动器振捣，垂直运输采用塔式起重机和施工电梯。

【思考题与习题】

1. 框剪结构的受力特点是：_____。

2. 框剪结构体系综合了_____和_____的优点，其中竖向荷载主要由_____承担，水平荷载则主要由_____承担。

3. 框剪结构的侧向刚度较大，抗震性较好，具有_____的特点。

【能力拓展】

以小组为单位，上网查找至少五栋框剪结构的实例，并列出结构组成。

思考题与习题
答案

单元 3
建筑装饰材料简介

【单元概述】

建筑装饰装修工程中所应用的材料，统称为建筑装饰材料。建筑装饰材料既可应用于建筑物的表面（如建筑装饰涂料、陶瓷墙地砖等），也可应用于建筑室内外空间（如吊顶材料、窗帘、活动隔断材料等）；不仅包括应用于装饰面上能看得见的材料（如吊顶材料中的面板及灯具、油漆涂料、墙面的干挂石材、家具面板），也包括装饰部位内部构造中看不见的材料（如吊顶上部的骨架材料及各种连接件、膨胀螺栓等生根材料等；干挂石材的钢骨架材料及干挂件、石材干挂胶等）。

建筑装饰材料通常情况下是要集材料、工艺、造型设计、美学于一体的，起装饰、保护作用，并具有一定的实用功能。

本单元划分为三个任务：了解建筑装饰材料的分类方法；掌握建筑装饰材料的基本性能及选用原则；进行市场调研。

任务 1 建筑装饰材料的分类方法

【任务描述】

了解建筑装饰材料的分类（按用途或使用部位分类、按化学成分分类），会对常用的建筑装饰材料进行分类。

装饰材料的分
类方法

【学习支持】

市场上有着成千上万的建筑装饰材料品种，每一种更有多个系列、规格和花色，使我们在认识和了解建筑装饰材料的时候深感困惑，也使我们在选用和购买建筑装饰材料的时候往往会无从下手，对建筑装饰材料进行合理的归类和划分，我们就能更好地了解和把握建筑装饰材料，不管市场上的建筑装饰材料如何变换花样，不管材料具体品种有多少，只要属于同一类别的材料，都有着类似的特点和性能。

1. 按照建筑装饰材料的化学成分分类（见表 3-1）

建筑装饰材料按化学成分分类表　　　　　　　　表 3-1

金属装饰材料	黑色金属装饰材料		普通钢材、不锈钢板、彩色不锈钢板、轻钢龙骨、压型钢板等
	有色金属装饰材料		铝及铝合金、铜及铜合金、金箔、银箔、铝箔、铝单板、穿孔铝板等
非金属装饰材料	无机装饰材料	天然石材	大理石、花岗石、洞石、青石、砂岩、火山石等
		陶瓷装饰材料	内墙砖、外墙砖、地板砖、陶瓷洁具等
		玻璃装饰材料	平板玻璃、安全玻璃、镀膜玻璃、中空玻璃、装饰玻璃、玻璃砖、玻璃镜、玻璃门芯等
		无机胶凝材料	普通水泥、白水泥、石膏及制品、水玻璃及制品等
		无机纤维装饰材料	岩棉保温材料、矿棉吸声板、玻璃棉保温材料、玻璃纤维墙布等
		无机涂料	硅藻泥、无机干粉涂料等
	有机装饰材料	实木装饰材料	微薄木、木龙骨、实木地板、实木装饰线等
		木质人造板及制品	普通胶合板、贴面胶合板、纤维板、细木工板、刨花板、生态木、指接板、竹地板、强化地板等
		塑料装饰材料及制品	塑料扣板、阳光板、亚克力制品、塑料壁纸、塑料地板、塑料地毯、高分子踢脚线、高分子扶手、塑料管材、塑料五金件等
		装饰涂料	醇酸清漆、醇酸瓷漆、硝基漆、聚氨酯漆、聚酯漆、氟碳漆、内墙乳胶漆、外墙乳胶漆等
		有机纤维装饰材料	纯毛地毯、混纺地毯、化纤地毯、装饰墙布等
		胶粘剂	白乳胶、万能胶、耐候密封胶、干挂胶、云石胶等
复合材料	有机与无机复合材料		人造石、石材复合板、纸面石膏板、水泥木丝板等
	金属与非金属复合材料		铝塑板、铝塑管、彩钢夹芯板、彩色涂层钢板、蜂窝石材铝板、涂装板等

2. 按照建筑装饰材料的使用部位及作用分类（见表 3-2）

按照建筑装饰材料按照使用部位及作用分类表 表 3-2

外墙装饰材料	天然花岗石、安全玻璃、铝塑板、蜂窝铝板、人造石复合板、铝单板、钛锌板、水泥木丝板、外墙面砖、外墙涂料、防腐木、生态木等
内墙装饰材料	内墙涂料、内墙砖、壁纸、胶合板、油漆、轻钢龙骨、纸面石膏板、防火板、水泥木丝板、埃特板、细木工板、胶合板、奥松板、铝塑板、铝单板、装饰玻璃、预制轻质条形板、涂装板等
地面装饰材料	地板砖、花岗石、大理石、安全玻璃、地毯、塑料地板、实木地板、强化地板、蜂窝石材等
顶棚装饰材料	塑料扣板、集成吊顶板、纸面石膏板、铝塑板、轻钢龙骨、内墙涂料、装饰吸音板等
门窗家具材料	胶合板、细木工板、纤维板、实木装饰线、白乳胶、油漆、门窗合页、拉手等
水暖材料	PP-R 水管及管件、PEX 水管及管件、铝塑管及管件、龙头、冷热水混合器、阀门等
卫生洁具	洗手台盆、坐便器、浴缸、淋浴器、花洒、卫生间挂篮、托盘、毛巾架等
灯具及电线开关	吊顶、吸顶灯、射灯、筒灯、斗胆灯、壁灯、床头灯、电线、穿线管、开关、插座等
小五金及配件	合页、拉手、门吸、滑轮、滑道、门锁、螺钉、螺栓、膨胀螺栓、各种连接件等
室内配饰及软装饰材料	挂画、布艺、桌布、沙发靠垫、沙发坐垫、窗帘、盆景、陈设品等

【思考题与习题】

1. 装饰材料的作用有：＿＿＿＿、＿＿＿＿、＿＿＿＿。

2. 装饰材料的耐久性用＿＿＿＿表示；强化地板的耐磨性能用＿＿＿＿表示。

3. 按燃烧性能可将装饰材料分＿＿＿＿、＿＿＿＿、＿＿＿＿等级别。

思考题与习题答案

任务 2 建筑装饰材料的基本性能及选用原则

【任务描述】

了解建筑装饰材料的基本性能和选用原则。

【学习支持】

一、建筑装饰材料的基本性能

1. 建筑装饰材料的耐久性能

装饰材料的性能和选用原则

建筑装饰材料耐久性的指标通常用使用年限来表示。如花岗石具有很好的耐久性，可正常使用上百年甚至数百年。

2. 建筑装饰材料的耐磨性能

耐磨性是材料表面抵抗磨损的能力。材料的耐磨性用磨损率表示，磨损率越小，则材料的耐磨性能就越强。材料的耐磨性与材料的表面硬度、材料的强度、密实度和韧性有关。木地板等有表面涂层的装饰材料的耐磨性多用耐磨转数来表示（如：强化地板表面的耐磨层）。

3 建筑装饰材料的耐擦洗（刷洗）性能

是表面涂层质量的一个重要指标，与耐磨性类似，耐擦洗性分耐干擦性能和耐湿擦性能，一般常用耐擦洗或刷洗次数来表示性能高低。

4. 建筑装饰材料的耐污染性能

是装饰材料不易被有色颜料污染且容易清洗的性能。如：内墙砖（釉面砖）表面有一层不吸水的釉层，所以有很好的耐污染性能，常用于卫生间和厨房的墙面装饰。外墙涂料应比内墙涂料有更好的耐污染性能。

5. 建筑装饰材料的耐燃性能（防火性能）

耐燃性能是指材料在使用状态下，抵抗燃烧的性能。按燃烧性能可将装饰材料分为非燃烧材料（A级）、难燃材料（B1级）和可燃烧材料（B2级）（见表3-3）。

非燃烧材料（A级）材料使用时没有限制，可燃烧材料（B2级）要严格限制，禁止直接使用易燃材料（B3级）。

建筑装饰材料按照燃烧性能等级分类表　　　　　　　　　　　表3-3

A级不燃材料	天然石材、地板砖、内墙砖、陶瓷锦砖、钢材（型钢、轻钢龙骨、不锈钢等）、铝合金、铜及铜合金、石膏板、石膏装饰线、硅钙板、玻璃、混凝土制品、水泥及制品、无机涂料等
B1级难燃材料	纸面石膏板、纤维石膏板、水泥刨花板、矿棉装饰吸声板、玻璃棉装饰吸声板、珍珠岩装饰吸声板、难燃胶合板、难燃中密度纤维板、铝箔玻璃棉复合材料、防火塑料装饰板、难燃玻璃钢板、阻燃PVC塑料装饰板、阻燃人造板、难燃墙布、难燃塑料壁纸、人造石、人造石复合板、硬质PVC塑料地板、水泥木丝板、三聚氰胺装饰板、难燃木材等
B2级可燃材料	各类天然木材、木质人造板、竹材、塑料贴面板、塑料壁纸、无妨墙布、墙布、复合壁纸、天然纤维壁纸、人造革、半硬质PVC塑料地板、PVC卷材、化纤制品、聚乙烯材料、聚丙烯材料、泡沫塑料等

6. 建筑装饰材料的耐火性能（抗高温性）

材料的耐火性是材料在高温或火灾发生时，保持不破坏、性能不明显下降的能力。其性能的好坏用耐火极限（或耐受时间）来表示。钢材虽然是 A 级不燃材料，但其快速溶解温度为 760 ~ 850℃，在火灾发生时会在短时间内（15min 左右）变软化而失去结构承载能力，从而使建筑物倒塌，所以钢材的耐火性差，钢结构必须要做防火处理措施。同样普通玻璃也是 A 级不燃材料，但在火灾发生时，会因局部冷热不匀而发生开裂，失去原有的性能，所以普通玻璃的耐火性差。陶瓷、砖、混凝土等材料的耐火性就非常好，一般耐火极限为 2h 以上。

7. 建筑装饰材料的耐老化性能

处于暴露环境的有机材料（如塑料、橡胶、皮革、纤维等材料），在空气、阳光、氧气、紫外线、热、冷等公共作用下，会发生变色、变形裂缝、变脆甚至被破坏，这种现象成为老化。材料抵抗老化的能力叫材料的耐老化性。

用于室外的有机装饰材料可用抗老化性能来表示其耐久性。

8. 建筑装饰材料的抗冻性能

抗冻性是指材料在吸水饱和状态下，能经受反复冻融循环作用而不破坏，强度也不显著降低的性能。

抗冻性以试件在冻融后的质量损失、外形变化或强度降低不超过一定限度时所能经受的冻融循环次数来表示，或称为抗冻等级，用 Fn 表示。如 F15、F25、F50、F100 分别表示此材料可承受 15 次、25 次、50 次、100 次的冻融循环。材料的抗冻性与材料的强度、孔结构、耐水性和吸水率等有关。

9. 建筑装饰材料的装饰性能

装饰性能是建筑装饰材料具有独特的装饰效果，保持美观、清洁、不变形、不开裂、不变色等的性能。影响材料装饰性能的基本性质有材料的颜色、光泽、质感、透明性、规格等。另外，材料的耐水性、耐擦洗性、抗污染性、热稳定性、耐老化性等都会在一定程度上影响材料的装饰性能。

10. 建筑装饰材料的环保性能

大多数建筑装饰材料中或多或少的含有一些对人体有害的物质（如甲醛、苯、二甲苯、氡、TDI 等）但那些符合国家质检环保标准的材料，其有害物质对人体的危害可以忽略不计的。所谓装修污染更多的是因为施工中采用了劣质材料和达不到国家环保标准的材料造成的。

二、了解建筑装饰材料的选用原则

1. 安全、环保、美观、实用、经济

虽然装饰的主要目的是为了美观，但是安全始终是第一位的，任何时候都要重视，为了美观，可以牺牲一定的实用性能，可以多付出装饰装修成本，但决不能忽视安全。

安全直接关系到人的生命和财产损失，环保关系到人的身体健康，为了美观而忽略了环保，可能会使人们的身体健康受到损害，就背离了建筑装饰的初衷，将得不偿失。

2. 要保证供给

要选择市场上定型的或容易进行预制加工的材料。如工期要求的较紧的工程，就尽可能选择成品模数化、标准化的定型材料或提前定做半成品材料。

3. 要考虑施工工艺和施工条件

要根据现有的施工工艺水平、施工便利条件、二次运输等因素选择合适的材料。

4. 综合考虑短期投资和长期效益

如中空 Low-E 玻璃的节能效果远高于单层玻璃，虽然价格比单层玻璃高出数倍，但考虑长期效益，其投资的回报要远高于单层玻璃。

【思考题与习题】

1. 装饰材料的选用原则是什么？

思考题与习题
答案

2. 装饰材料的装饰性能包括哪些方面？

任务3 考察常用的建筑装饰材料

【任务描述】

学生利用课余时间去材料市场进行调查，收集典型外墙装饰材料样品或进行拍照。通过实地考察或网络查询，了解常用的建筑装饰材料的品种、规格、用途、市场价位等。

【任务实施】

1. 以小组为单位，每组成员 5 名左右，共同完成任务；

2. 先进行实地参观、记录（可通过拍照的方式）所看到的装饰材料；

3. 通过网络对所记录的材料进行查询，查找相关材料的资料（特点、分类、规格、用途、注意事项、装饰效果等）；

4. 到装饰材料的市场进行实地调查，了解装饰材料的市场信息（流行材料、材料的品种、品牌、规格型号、市场价位等）；

5. 再填写装饰材料市场调查分类表（要求至少包括 6 大类材料、每类材料至少调查 5 个品种或系列，样表参见表 3-4）。

装饰材料市场调查分类表　　　　　　　　　　　　　　　　　表 3-4

序号	材料类别	品种	系列	特征描述	使用部位	规格（mm）	品牌或产地	产品主要特点	市场价
1	陶瓷墙地砖	抛光地板砖	仿洞石系列	砖体的表面经过打磨抛光、光亮如镜，表面有类似天然洞石的条形纹理	大厅地面、墙面	800×800	斯米克	高亮、坚硬、耐磨、不吸水、易清洁	180元/块
2	天然石材	大理石	金线米黄	浅米黄底上有均匀的深红色或深灰色线条线	内墙面装饰	500×900	埃及	硬度高，耐磨性强，保养方便，寿命长	250元/m²

续表

序号	材料类别	品种	系列	特征描述	使用部位	规格（mm）	品牌或产地	产品主要特点	市场价
3	木地板	复合地板	幻影Ⅱ代镜面系列 -ML792	表面具有光泽细腻、晶莹剔透的镜面效果，	室内地面	125×808×12	圣保罗	环保、耐磨、超国家标准家用Ⅰ级耐磨水平	160 元 /m²
4	人造板材	细木工板		三层结构、表面正反为 2mm 面层、芯层为杨木芯条	细木工制作	1220×2440×18	金秋	环保、平整、不易变形	150 元 / 张
5	饰面板	铝塑复合板	氟碳系列	三层结构、中间层为 4mm 左右的聚乙烯塑料，正反两面为 0.4mm 左右的铝面层、正面有氟碳涂层	外墙干挂	1200×2400×4	吉祥	耐老化、耐污染、不易变形	300 元 / 张
6	内墙涂料	乳胶漆	家丽安净味系列	大桶 18 升装	内墙、顶棚	18L	多乐士	环保、遮盖力强	350 元 / 桶

单元 4
常用地面装饰材料

【单元概述】

　　本单元划分为 5 个任务：考察常用地面材料；了解常用地面材料——地砖；了解常用地面材料——石材；了解常用地面材料——地板；了解常用地面材料——地毯。通过本单元的学习，学生能够了解地面材料品种、规格、主要性能指标和参数；能按设计要求正确选用地面材料。

任务 1　考察常用地面材料

【任务描述】

　　学生利用课余时间去材料市场进行调查或网上查阅资料，收集典型地面材料样品或进行拍照，填写地面材料市场调查表（见表 4-1）。通过实地考察或网络查询，了解常用地面材料的品种、品牌、规格、市场价位等。

【任务实施】

　　分组：班级学生按照 4~5 人为一组，每组选一名组长，带领本组人员进行市场调查、网上查阅资料、收集样品或拍照，并将收集到的样品或网络查询的图片资料在课堂进行展示。

地面装饰材料市场调查表　　　　　　　　　　表 4-1

序号	类别	品种或系列	品牌或产地	规格（mm）	应用情况	产品主要特点	市场价
1	地砖						
2	花岗石						
3	人造石						
4	木地板						
5	塑料地板						
6	地毯						

任务 2　了解常用地面装饰材料——地砖

了解常用地面
材料－地砖

【任务描述】

常用地面装饰材料地砖有釉面地砖、通体砖、抛光砖、玻化砖等，通过本任务学习，使学生能够了解地板砖的品种、规格、特点、主要性能指标和参数、选购要点。

【学习支持】

地砖又叫地板砖，用黏土烧制而成，规格品种多种。质坚、耐压耐磨、防潮。有的经上釉处理，具有装饰作用，是装饰装修中最常用的地面材料。地砖按材质可分为通体砖、釉面地砖、仿古砖等。

一、釉面地砖

釉面地砖是装修中最常见的一种。釉面地砖就是砖的表面经过烧釉处理的砖，根据光泽的不同分釉面地砖和哑光釉面地砖。釉面地砖表面可以做各种图案和花纹，比抛光砖色彩和图案更加丰富。因为表面是釉料，所以耐磨性不如抛光砖和玻化砖。釉面地砖的鉴别除了尺寸还要看吸水率。由于釉面地砖具有丰富多彩的图案设计，而且抗污能力非常强，防滑性能好，在生活中广泛用于厨卫墙面和地板的装修，如图 4-1、图 4-2 所示。釉面砖不宜用于室外，否则会吸水膨胀，产生裂纹。

釉面地砖根据原材料的不同分为：陶质釉面砖，由陶土烧制而成，吸水率较高，一般强度相对较低，主要特征是背面为红色；瓷质釉面砖，由瓷土烧制而成，吸水率较低，一般强度相对较高，主要特征是背面为灰白色，地面铺装主要为资质釉面砖。

选购时，在光线充足的环境中把釉面砖放在离视线半米的距离外，观察其表面有无开裂，然后把釉面砖翻转过来，看其背面有无磕碰情况。如果侧面有裂纹，而且占釉面砖本身厚度一半或一半以上，此砖不宜使用。用手指轻轻敲击釉面砖的各个位置，如声音一致，说明内部没有空鼓、夹层，如果声音有差异，则可认定此砖为不合格产品。

图 4-1　釉面砖

图 4-2　釉面砖铺装实例

二、通体砖

通体砖又称为无釉砖，是表面不上釉的陶瓷砖，因此正反面材质与色泽一致，只不过正面有花色纹理，有很好的防滑性和耐磨性。由于这种砖价位适中，颇受消费者喜爱。通体砖是将岩石碎屑经过高压压制而成，表面抛光后坚硬度可与石材相比，吸水率更低，耐磨性好。由于室内设计越来越倾向于素色设计，因此通体砖也越来越成为一种时尚，被广泛使用于厅堂、过道和室外走道等装修项目的地面。多数的防滑砖都属于通体砖。目前，使用频率较高且技术成熟的产品有渗花砖、抛光砖、玻化砖。

1. 渗花砖

渗花砖是通体砖的一种，它是将可溶性的着色盐类加入添加剂调成具有一定稠度的印花剂，通过丝网印刷的方法将其印刷到砖坯上。这些可溶性的着色印花剂随着水分一起渗透到砖坯内部，烧成后即为渗花砖。由于着色物质能渗透到砖坯内部达 2mm 深，所以虽经抛光仍能保持图案清晰。

渗花砖的色彩、花纹不太丰富，光泽度不高，一般称磨砂状或亚光状，使用时间较长时，污迹会渗透到砖体中，造成旧损的效果，如图 4-3 所示，因此现代装修一般将渗花砖铺装在光线较暗的空间。面积较大的户外庭院、露台也可以选择渗花砖，因为价格低廉。由于渗花砖不耐脏，因此，现在很多渗花砖产品表面被加工成波纹状、凹凸状等纹理，且色彩以灰色系列为主。

图 4-3　渗花砖

现代渗花砖多用于地面铺装，如图 4-4 所示属于瓷制品，规格一般为 300mm×300mm×6mm、400mm×400mm×6mm、600mm×600mm×8mm 等，中档资质渗花砖价格为 40 ～ 60 元 /m²。

图 4-4　渗花砖铺装实例

选购时，将 4 块砖平整摆放在地面上，观察边角是否能完全对齐，砖面是否有起翘、波动感。用卷尺仔细测量各砖块的边长与厚度，优质产品的边长尺寸误差应小于 1mm。用油性笔在砖材表面涂画，如果轻轻就能擦去笔迹，说明质量较好。用 0 号砂纸打磨砖体表面，不掉粉尘者为优质产品。

2. 抛光砖

普通抛光砖就是通体砖坯体的表面经过打磨抛光处理而成的一种光亮砖，属于通体砖的一种。相对通体砖而言，普通抛光砖的表面要光洁得多。普通抛光砖坚硬耐磨，适合在除洗手间、厨房以外的多数室内空间中使用。在运用渗花技术的基础上，普通抛光砖可以做出各种仿石、仿木效果。普通抛光砖易脏，防滑性能不好。

普通抛光砖无放射元素，基本可控制无色差，抗弯强度大，砖体薄、重量轻。抛光砖的致命缺点是易脏，这是普通抛光砖在抛光时留下的凹凸气孔造成的。这些气孔会藏污纳垢，因此优质抛光砖在出厂时都加了一层被称为超洁亮的防污层，如图 4-5 所示。

抛光砖一般用于相对高档的装修空间，如图 4-6 所示，商品名称很多，如铂金石、银玉石、钻影石等，选购时不能被繁杂的商品名迷惑，仍要辨清产品属性。抛光砖与渗花砖的区别主要在于表面的平整度。抛光砖虽然也有亚光产品，但是大多数产品是高光的，比较光亮、平整。渗花砖多为亚光或具有凹凸纹理的产品，表面只是平整而无明显反光，经过仔细观察，表面还存在细微的气孔。

抛光砖的规格通常为 300mm × 300mm × 6mm、600mm × 600mm × 8mm、800mm × 800mm × 10mm 等，中档产品的价格为 60 ～ 100 元 /m^2。选购方法与渗花砖相同。

图 4-5 普通抛光砖　　　　图 4-6　抛光砖铺装实例

3. 玻化砖

为了解决抛光砖出现的易脏问题，又出现了一种玻化砖。玻化砖是由石英砂、泥按照一定比例烧制而成，然后经打磨，表面如玻璃镜面一样光滑透亮，是所有瓷砖中最硬的一种，如图 4-7 所示。其在吸水率、边直度、弯曲强度、耐酸碱性等方面都优于普通釉面砖、抛光砖及一般的大理石。

玻化砖其实就是全瓷砖，其表面光洁但又不需要抛光，所以不存在抛光气孔的问题。区分玻化与普通抛光砖的主要区别就是吸水率。吸水率越低，玻化程度越好，产品理化性能越好。吸水率低于 0.5% 的陶瓷都称为玻化砖，抛光砖吸水率低于 0.5% 也属玻化砖（高于 0.5% 就只能是普通抛光砖不是玻化砖）。

玻化砖色彩艳丽柔和，没有明显色差，无有害元素，厚度相对较薄，抗折强度高，砖体轻巧，耐腐蚀、抗污性强，历久如新。玻化砖主要用于大面积空间的地面铺装，如图 4-8 所示，产品种类有单一色彩效果、花岗岩外观效果、大理石外观效果、印花瓷砖效果等。但是，玻化砖铺装完毕后，要对砖面进行打蜡处理，否则液态污渍会渗入砖面的微孔中形成花斑，最终影响美观。

玻化砖尺寸规一般较大，通常有 600mm×600mm×8mm、800mm×800mm×10mm、1000mm×1000mm×10mm、1200mm×1200mm×12mm 等，中档产品的价格为 80 ~ 150 元 /m²。

在选购玻化砖时，要注意与常规抛光砖区分开。相同规格、相同厚度的瓷砖，较重的为玻化砖，较轻的为抛光砖；玻化砖完全不吸水，即使洒水至砖体背面也不应该有任何水迹扩散的现象。

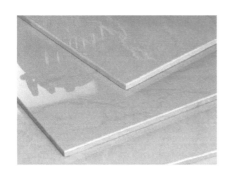

图 4-7　玻化砖　　　　　　　图 4-8　玻化砖铺装实例

三、仿古砖

仿古砖是从彩色釉面砖演化而来的产品，实质上还是上釉的瓷质砖。仿古指的是砖的表面效果带有古典韵味。仿古砖与普通瓷质砖不同的是在烧制过程中，使用模具压印在砖坯体上，铸成凹凸的纹理，在经过施釉烧制。仿古砖的设计图案、色彩是所有装饰面砖中最为丰富多彩的。

仿古砖的应用非常广泛，如图 4-9 所示，可以用于面积较大的门厅、大堂、庭院、广场等空间的地面铺装，也可以用于具有特殊设计风格的西餐厅、厨房、卫生间等的墙地面铺装。如果同时用于墙、地面铺装，应选用成套产品较好，这样视觉效果好。

图 4-9　仿古砖铺装实例

仿古砖的规格与常规抛光砖一致。此外，不少品牌产品还设计出特殊规格用于拼花铺装。中档仿古砖价格为 80 ～ 120 元 /m²，特殊规格要上浮。

选购仿古砖可参考釉面砖的识别方法，但是仿古砖的表面有压纹，应注意釉面不受压纹影响而残缺。为了保证仿古砖的硬度，多数厂商在砖体中加入石料或其他骨料，因此背面不是白色不重要，只要湿水测试不太吸水即可。

任务 3　了解常用地面装饰材料——石材

了解常用地面
材料－石材

【任务描述】

常用地面装饰材料石材有花岗岩、大理石、人造石材等，通过本任务，使学生能够了解地面石材的品种、规格、特点、主要性能指标和参数、选购要点。

【学习支持】

建筑装饰石材包括天然石材和人造石材两类。天然石材种类繁多，广泛用于室内地面的用主要有花岗岩和大理石两大类。人造石材是在天然石材的基础上开发而来的，多采用天然石材加工后的边角料加工而成，成本较低，花色品种多样，主要有水泥型、聚酯型、复合型和烧结型四类。

一、花岗岩

花岗岩属岩浆岩，其主要矿物成分为长石、石英、云母等。其特点为构造致密、硬度大、耐磨、耐压、耐火及耐大气中的化学腐蚀。其花纹为均粒状斑纹及发光云母微粒，如图 4-10 所示。

花岗岩的应用繁多，是建筑装修中高档的材料之一，多用于内外墙、柱面、地面、楼梯踏步等装饰。花岗岩具有很出色的耐磨性能，用于人流量的大厅（图 4-11）及楼梯等处是很好的选择。由于花岗岩一般存在于地表深层处，具有一定的放射性。因此大面积用在室内的狭小空间时，会对人体健康造成不利影响。

图 4-10　花岗岩

图 4-11　花岗岩铺装大堂实例

花岗岩石材的大小可以随意加工，一般用于室外地面厚度为 40 ~ 60mm，用于室内地面厚度为 20 ~ 30mm，用于台柜厚度为 18 ~ 20mm。

选购时，仔细观察表面质地，优质产品表面颗粒结构均匀，质感细腻。用卷尺测量花岗岩板材的尺寸规格，关键检查厚度。用小铁锤轻敲板材，若声音清脆说明板材致密、质地好。用 0 号砂纸打磨板材的边角，若不产生粉末说明密度较高。

二、大理石

大理石是指变质或沉积的碳酸盐类的岩石。其结构致密，抗压强度高，耐磨，表面易于清洁，花色品种繁多等优良性能。浅色大理石的装饰效果华丽而清雅，深色大理石的装饰效果庄重而高贵。如图 4-12、图 4-13 所示为大理石地面的实例效果。

图 4-12　大理石地面实例效果

图 4-13　某建筑大厅地面和楼梯铺装新西米黄大理石的实例效果

相对于花岗岩，大理石的质地比较软，密度与抗压强度略低。大理石的颜色与其组成成分有关，许多大理石都是由多种化学成分混合而成，因此大理石的颜色变化多端，纹理错综复杂，深浅不一。大理石的色彩纹理一般分为云灰、单色、彩花等三类。云灰大理石花纹有灰色的色彩，又称水花石。

单色大理石如色泽洁白的汉白玉、象牙白为白色大理石；纯黑如墨的中国黑、墨玉为黑色大理石。彩花大理石具有层状结构的斑状条纹，抛光打磨后，呈现出色彩斑斓的天然图案。

大理石和花岗岩一样，可用于室内各部位的石材贴面装修，但强度不及花岗岩强度，在磨损率高、碰撞率高的部位慎重考虑。大理石大小可随意加工，规格主要有以下六种：500mm×100mm×40mm、750mm×100mm×40mm、1000mm×120mm×40mm、1200mm×120mm×40mm、1500mm×150mm×60mm、1600mm×150mm×60mm，当然也可以根据客户需要定制。

目前，大理石花色品种比花岗岩多，其价格差距很大，选购、识别与花岗岩类似，但要求更严格。优质大理石板材厚度偏差应小于1mm，表面不存在翘曲、凹陷、裂纹、色板等缺陷。优质产品色调基本一致，色差较小、花纹美观。

三、人造石材

人造装饰石材主要是指人造大理石、人造花岗岩、人造玛瑙、人造玉石等。这些人工制成的材料，其花纹、色泽、质感逼真，且强度高、体积密度小、耐腐蚀，可按设计要求制成各种形状制品，且价格较低。人造石板是仿造大理石、花岗石的表面纹理加工而成，具有类似大理石、花岗石的肌理特点，色泽均匀，结构紧密，耐磨、耐水。高质量的人造石材的物理力学性能超过天然大理石，但色泽和纹理方面不及天然大理石自然、美观、柔和。

人造装饰石材可分为水泥型、聚酯型、复合型与烧结型四类。其中水泥型的便宜，质地一般；复合型采用水泥和树脂复合，性能较好；烧结型的工艺要求高，能耗大，成品率低，价高；应用最多是聚酯型，主要有聚酯型人造大理石和聚酯型人造花岗石，如图4-14所示。聚酯型人造石通常用于制作卫生间台面、橱柜台面、窗台面、餐台等饰面板，如图4-15所示。选购聚酯型人造石时，表面应晶莹光亮，色泽纯正，用手摸有天然石材的质感，无细毛孔。用0号砂纸打磨石材表面，不容易产生粉末为优质产品。此外还可以去闻气味，劣质产品气味刺鼻。

图 4-14　人造石实例

图 4-15　聚酯型人造石做卫生间、橱柜台面

任务 4　了解常用地面装饰材料——地板

了解常用地面材料－实木地板

【任务描述】

常用地面装饰材料地板有实木地板、实木复合地板、强化复合地板、竹木地板、塑料地板等，通过本任务学习，使学生能够了解地板的品种、规格、特点、主要性能指标和参数、选购要点。

【学习支持】

木地板作为室内地面的装饰材料，具有自质较轻、弹性较好、脚感舒适、导热性小、冬暖夏凉等特性，尤其是其独特的质感和天然的纹理，迎合人们回归自然、追求质朴的心理，从而受到消费者的青睐。木地板从原始的实木地板发展至今，品种繁多，规格多样，性能各异。目前，在建筑装饰工程中常用的木地板有实木地板、实木复合地板、强化地板和竹木地板。塑料地板具有较好的耐燃性与自熄性，脚感舒适，因此应用也相当广泛（图 4-16）。

图 4-16　木地板铺装的效果实例

一、实木地板

实木地板（又称原木地板）是指采用天然木材不经任何粘结处理，用机械设备直接加工而成的条板或块状的地面铺设材料。实木地板由于基本保持了木材自然的花纹、柔和的触感、润泽的质感，自然温馨、高贵典雅、使用安全，且具有良好的保温隔热、隔声、绝缘性能，从古至今深受人们的喜爱。缺点是干燥要求较高，不宜在湿度变化较大的地方使用，否则容易发生胀缩变形。实木地板对树种要求高，档次也由树种拉开，一般阔叶树材档次较高、针叶树材档次较低。主要有松木地板、橡木地板、柚木地板、蚁木地板、防腐木地板。

1. 松木地板

松木地板的主要材料属于针叶林种，森林覆盖率高，价格具有天然优势。松木地板由于弹性和透气性强，即使涂了油漆，甲醛含量也会低于其他地板，相对其他地板更环保。松木地板具有简单清晰的原木纹路，质感突出，符合田园风格，如图 4-17 所示。松木地板导热性好，保养简单；易于运输；不耐晒，日照易变色；不防潮，受潮易变色；在松油脱油不完全时会导致松木地板有异味。

2. 橡木地板

橡木地板是橡木加工后做成的实木地板或实木多层地板。橡木有美丽的天然纹理，制作地板后装饰性强，如图 4-18 所示；木材重而硬，强度及韧性高；冬暖夏凉，脚感舒适；稳定性较好。

图 4-17　松木地板实例

图 4-18　橡木地板铺装实例

选购时不必过分追求纹理一致，它的自然纹理不会完全一致；购买与铺设最好是同一单位负责；安装时加铺的木芯板选择质量好的。

3. 柚木地板

柚木地板被誉为"万木之王"，是世界公认最好的地板木材，以缅甸柚木为上品。柚木地板富含铁质和油质，能驱虫、蚁；经专业干燥处理后，尺寸稳定，干缩湿胀变形最小；耐磨性好；高贵的色泽极具装饰效果，如图 4-19所示；弹性好，脚感舒适。

选购柚木地板时，一要看纹理：真柚木地板有明显的墨线和油斑，假柚木地板无墨线或墨线浅而散；二要摸手感：真柚木地板手感十分细腻，仿佛被油浸泡过，假柚木地板粗糙；三要闻气味：真柚木地板散发特殊香味，闻起来很舒服，假柚木地板无香味或难闻的气味；四要掂重量：真柚木地板的密度为 0.67 ~ 0.73g/cm^3，比花梨木轻，比铁杉重，假柚木地板普遍偏重；

五要滴水测试：滴水在柚木地板的无漆处，真柚木地板不会渗入，呈水珠状，假柚木地板会渗入。

图 4-19　柚木地板铺装实例

4. 防腐木地板

防腐木地板是指木材经过特殊防腐处理的木地板。一般是将防腐剂经真空加压压入木材，然后经 200℃ 左右高温处理。我国防腐木的主要原料是樟子松，经过防腐处理后，能有效防止霉菌、白蚁、微生物的侵蚀。

防腐木一般呈黄绿色、蜂蜜色或褐色，易于上涂料及着色，可根据设计要求，达到美观的效果。现今防腐木地板是户外使用最广泛的木材之一。用于制作户外环境的露天木地板，是家居阳台、户外木地板、园林景观地板、户外栈道的首选材料。

还有一种炭化防腐木地板是一种物理防腐的防腐木地板，如图 4-20 所示，它是将木材的有效营养成分炭化，从而切断腐朽菌生存的营养链，是一种真正的绿色环保建材。

图 4-20　炭化防腐木地板

二、实木复合木地板

随着天然林木资源的逐渐减少，特别是优质装饰用的阔叶树材资源日渐枯竭，木材的合理利用已经越来越受到世界各国人们的高度重视，实木复合地板应运而生，并且发展非常迅速。实木复合地板是利用优质阔叶树材或其他装饰性较强的材料作为表层，以材质较软的速生材或人造材作为基材，经高温高压而制成的多层板状结构，如图 4-21 所示。不仅充分利用了优质材料，提高了制品的装饰性，如图 4-22 所示，而且所采用的加工工艺也不同程度地提高了产品的力学性能。

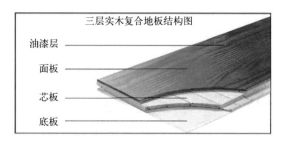

图 4-21　实木复合地板结构图

图 4-22　实木复合地板实例

目前，国内应用较多的是三层实木复合地板，常用规格一般为 2200mm ×（180 ～ 200）mm ×（14 ～ 15）mm。实木复合地板由于各层相互垂直胶结而成，避免了木材的各向异性，减少了木材的涨缩率，变形小，不易开裂。

实木复合地板的规格与实木地板相当，但价格比实木地板低，中档产品的价格一般为 200 ~ 400 元 /m²。选购时要注意观察表层厚度，实木复合地板的表层厚度决定其使用寿命，进口优质实木复合地板的表层厚度一般在 4mm 以上。此外，还需观察表层材质和四周榫槽是否有缺损，检查产品的规格、尺寸公差是否与说明书或产品介绍一致。试验其胶合性能及防水、防潮性能。可以取不同品牌的小块样品浸渍到水中，检测其吸水性和粘合度。按照国家标准规定，地板甲醛含量应小于 9mg/100g，如果近距离接触地板，有刺鼻或刺眼的感觉，说明甲醛超标。

三、强化复合地板

强化复合地板的标准名称为浸渍纸层压木质地板，其结构一般是由四层材料复合组成，即耐磨层、装饰层、高密度基材层、平衡层，如图 4-23 所示。耐磨层内含氧化铝，具有耐磨、阻燃、防水等功能，是衡量强化复合地板质量的重点之一；装饰层由三聚氰胺树脂形成，纹理色彩丰富，设计感强，装饰层是确定强化复合地板的花色品种的重要凭据之一；高密度基材层是由高密度纤维板制成，具有强度高、不易变形、防潮等功能；平衡层由浸渍酚醛树脂而成，用于平衡地板、防潮、防止地板翘曲变形等。高档优质强化复合木地板还增加了约 2mm 厚的天然软木，具有实木脚感，噪声小、弹性好等优点，如图 4-24 所示。

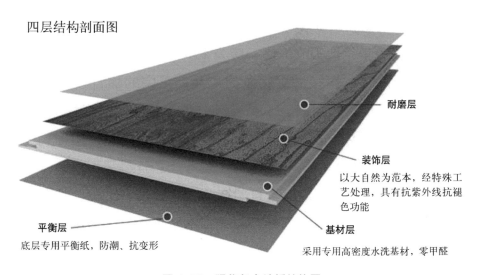

四层结构剖面图

耐磨层

装饰层
以大自然为范本，经特殊工艺处理，具有抗紫外线抗褪色功能

基材层
采用专用高密度水洗基材，零甲醛

平衡层
底层专用平衡纸，防潮、抗变形

图 4-23　强化复合地板结构图

图 4-24 强化复合地板实例

选购强化复合木地板时，一要检测耐磨性，可以用 0 号砂纸在地板表面反复打磨 50 次，如果没有褪色或磨花，说明质量不错；二要观察表面是否光洁，强化复合木地板表面有沟槽性、麻面型、光滑型三种，无优劣之分。但都要求表面光洁无毛刺，背面有防潮层；三要观察企扣的拼装效果，可以拿两块样板拼装一下，企扣要整齐、严密；四要注意地板厚度与重量，选择是应以厚度大些为宜，使用寿命相对较长，但也要考虑装修成本。

强化复合木地板的规格长度为 900 ~ 1500mm，宽度为 180 ~ 350mm，厚度为 8 ~ 18mm，厚度越大，价格越高。目前市场上多为 12mm 厚，价格为 80 ~ 120 元 /m²。

四、竹木地板

竹地板是竹子经过处理后制成的地板。竹材的干缩湿胀小，尺寸稳定性高，不易变形开裂，同时竹材的力学强度比木材高，耐磨性好。竹木地板具有良好的质地和质感，材质坚硬，具有较好的弹性，脚感舒适，装饰自然，如图 4-25 所示。中档竹地板的价格一般为 150 ~ 300 元 /m²。

竹木地板选购时应选择材质优质的产品。正宗的楠竹较其他更坚硬密实，抗压、抗弯强度高，耐磨，不易受潮，伸缩性小。注意地板的含水率，含水率直接影响地板生虫霉变的情况。未经严格特效防虫、防霉剂浸泡、高温蒸煮或炭化的竹木地板，绝不能选购。查看产品资料是否齐全。观察竹木地板的胶合技术，由于竹木地板是自然产品，表面带有毛细孔，会因受潮而引发变形，所以必须将其四周全部封漆，并粘贴防潮层，优质竹木地板是六面淋漆。

图 4-25　竹木地板实例

五、塑料地板

塑料地板是以高分子树脂为主要原料而制成的地面覆盖材料，其基本原料有聚氯乙烯（PVC）塑料、聚乙烯（PE）塑料、聚丙烯（PC）塑料等。塑料地板具有较好的耐燃性与自熄性，其性能可通过各种添加剂来控制，因此适用面相当广泛。塑料地板脚感舒适，不易引起火灾，且遇水不滑。

塑料地板有卷材和块材两种，如图 4-26、图 4-27 所示。块材的优点是若出现局部破损，可以局部更换而不影响整体效果，但是接缝较多，施工较慢。卷材地板施工方便但不易更换。

图 4-26　塑料卷材地板实例

图 4-27　塑料块材地板实例

块材地板多为硬质或半硬质地板，质量可靠，颜色有单色或拉花两个品种，其厚度不小于 1.5mm，属于低档地板。卷材地板大部分产品厚度只有 0.8mm，纹样自然、逼真，有仿木纹、仿石纹、仿织物类纹样的图案，装饰效果好。

塑料地板与地毯、木质地板、石材、地板砖相比，其价格相对便宜。常见的卷材地板成卷销售，也可以根据实际使用面积按米裁切销售，一般产品宽度为 1.8 ～ 3.6m，每卷长 10m，平均价格为 15 ～ 20 元 /m²。

选购时，优质产品的表面应平整、光滑，无压痕、折印、脱胶，周边方正，切口整齐，目测不能有凹凸不平、色泽不匀、有裂纹等现象。可以用 4H 绘图铅笔在地板表面用力刻画，没有划伤即为合格。

任务 5 　了解常用地面装饰材料——地毯

【任务描述】

常用地面装饰材料地毯有纯毛地毯、化纤地毯、混纺地毯、剑麻地毯、塑料地毯等，通过本任务，使学生能够了解地毯的品种、规格、特点、主要性能指标和参数、选购要点及铺设方法。

【学习支持】

地毯是一种历史悠久的世界性产品。地毯既具有实用价值又具有欣赏价值。它富有弹性，脚感舒适，且能隔热、隔声，防滑，其丰富而巧妙的图案，具有较高的艺术性。如图 4-28 所示为地毯铺装实例效果。地毯与其他地面材料相比，给人以高贵、华丽、美观、舒适而愉快的感觉。当今的地毯，颜色从艳丽到淡雅，绒毛从柔软到坚韧，使用从室内到室外，结构款式多种多样，形成了高、中、低档系列产品。

地毯按材质类型分为纯毛地毯、化纤地毯、混纺地毯、剑麻地毯、塑料地毯、橡胶地毯。按规格尺寸分为块状地毯和卷状地毯。化纤地毯、混纺地毯、无纺织纯毛地毯一般以卷材的形式生产、销售。每卷地毯长度为

10 ～ 30m，宽度为 1.2 ～ 4.2m，销售时可以按米裁切，其中普通化纤地毯价格为 15 ～ 25 元 /m²。

图 4-28　地毯铺装实例效果

一、纯毛地毯

纯毛地毯即羊毛地毯，是采用粗绵羊毛为主要原料，采用手工编织或机械编织而成。纯毛地毯具有质地厚实、不易变形、不易燃烧、不易污染、弹性较大、拉力较强、隔热性较好、经久耐用、光泽较好、图案清晰等优点，其装饰效果极好，是一种高档地面装饰材料，如图 4-29 所示。

纯羊毛地毯的弹性、抗静电、抗老化等都优于化纤地毯，但是纯毛地毯抗潮湿性能相对较差，而且容易发霉，虫蛀。霉斑和虫蛀会影响地毯外观，缩短使用寿命。

图 4-29　纯羊毛地毯

二、化纤地毯

化纤地毯的出现是为了弥补纯毛地毯价格高、易磨损的缺陷。化纤地毯也成为合成纤维地毯，使用簇绒法或机织法将合成纤维制成面层，在与麻布背衬材料复合处理而成。化纤地毯一般由面层、防松层和背衬三部分组成。

化纤种类较多，主要有锦纶地毯、腈纶地毯、丙纶地毯、涤纶地毯等。锦纶地毯耐磨性好，易清洗、不腐蚀、不虫蛀、不霉变，但易变形，易产生静电。腈纶地毯柔软、保暖、弹性好，不霉变、不虫蛀，但耐磨性差。丙纶地毯质轻、弹性好、强度高，生产成本低。涤纶地毯耐磨性仅次于锦纶，耐热、耐晒、不霉变、不虫蛀，但染色困难。

化纤地毯外观与手感类似纯毛地毯，耐磨，但弹性较差，脚感较硬，易吸尘、积尘，一般用在走道、办公空间、商业空间等，如图4-30、图4-31所示。其价格较低，是目前用量最大的中、低档地毯品种。

图4-30　化纤地毯用于办公空间　　　　　图4-31　化纤地毯用于走道

三、混纺地毯

混纺地毯结合纯毛地毯和化纤地毯两者的优点，在羊毛纤维中加入化学纤维而成。如加入20%的尼龙纤维，地毯的耐磨性比纯毛地毯高出5倍，同时克服了化纤地毯静电吸尘的缺点，也克服了纯毛地毯易腐蚀、易虫蛀的缺点，具有保温、耐磨、抗虫蛀、强度高等优点。弹性、脚感比化纤地毯好。混纺地毯的性价比最高，色彩及样式繁多，既耐磨又柔软，在室内空间可以大面积铺设，如高档餐厅、酒店客房、家居卧室、娱乐空间等，如图4-32所示。

图 4-32　混纺地毯实例

四、塑料地毯

塑料地毯采用聚氯乙烯树脂为基料，加入填料、增塑剂等多种辅助材料和添加剂，经均匀混炼、塑化、模具中成型而成。这种地毯具有质地柔软、质轻、色彩鲜艳、脚感舒适、不燃、耐水性强等优点，如图 4-33 所示。塑料地毯主要使用于一般公共建筑和住宅地面的铺装材料，如宾馆、商场、舞台等公用建筑及高级浴室等，如图 4-34 所示。

图 4-33　塑料地毯实例　　　　　　图 4-34　塑料地毯铺装实例

五、橡胶地毯

橡胶地毯是以天然橡胶为原料，经蒸汽加热、模压而成。常用的规格有 500mm×500mm、1000mm×1000mm 方块地毯，其色彩与图案可根据要求定制。它具有色彩鲜艳、柔软舒适、弹性好、耐水、防滑、易清洗等特点，特别适合于各种经常淋水的场合，如浴室、卫生间、游泳池等。各种绝缘等级的特质橡胶地毯还广泛用于配电室、计算机房等场所，如图 4-35 所示。

图 4-35 橡胶地毯实例

六、剑麻地毯

剑麻地毯是以剑麻纤维为原料，经纺纱、编织、涂胶、硫化等工序制成。产品分为素色和染色两种，有斜纹、鱼骨纹、帆布平纹、多米诺纹等多种花色。幅宽 4m 以下，卷长 50mm 以下，可按需要裁割。剑麻地毯属于地毯中的绿色产品，可用清水直接冲刷，其污渍很容易清除；同时不会释放化学成分，能长期散发出天然植物特别的清香，可带来愉悦的感受。

剑麻地毯是一种全天然的产品，它含水分，可随环境变化而吸收或放出水分来调节环境及空气湿度。剑麻地毯与纯毛地毯相比更为经济实用，但弹性与其他地毯相比略逊一筹，手感也较为粗糙，如图 4-36 所示。剑麻地毯在使用中要避免与明火接触，否则容易燃烧。

图 4-36 剑麻地毯实例

七、地毯的选购

（1）选购地毯时首先要了解地毯纤维的性质，简单的鉴别方法一般采取燃烧法和手感、观察相结合的方法。棉的燃烧速度快，灰末细而软，其气味类似燃烧纸张，其纤维细而无弹性，无光泽；羊毛燃烧速度慢，有烟有泡，灰多且成脆块状，其气味似燃烧头发，质感丰富，手捻有弹性，具有自然柔和的光泽；化纤及混纺地毯燃烧后熔融成胶体并可拉成丝状，手感弹性好并且重量轻，其色彩鲜艳。

（2）选择地毯时，其颜色应根据室内家具与室内装饰色彩效果等具体情况而定，一般客厅或起居室内应选择色彩较暗、花纹图案较大的地毯，卧室内宜选择花型较小、色彩明快的地毯。

（3）地毯施工量核算（适用于地毯满铺时的情况）：由于地毯铺贴时常常需要剪裁，所以核算时在实际面积计算出来后，要再加8%～12%的损耗量。有的地毯要求加弹性胶垫，其所需用量与地毯相同。

（4）观察地毯的绒头密度。可用手去触摸地毯，产品的绒头质量高，毯面的密度就高，这样的地毯弹性好、耐踩踏、耐磨损、舒适耐用。但不要采取挑选长毛绒的方法来挑选地毯，虽然表面上看起来很好看，但绒头密度稀松，绒头易倒伏变形，这样的地毯不抗踩踏，易失去地毯特有的性能，不耐用。

（5）检测色牢度。色彩多样的地毯，质地柔软，美观大方。选择地毯时，可用手在毯面上反复摩擦数次，看手上是否粘有颜色，如有颜色，说明该产品的色牢度不佳。色牢度不好的地毯在铺设使用中易出现变色和掉色，从而影响其装饰效果。

（6）检测地毯背面剥离强度。簇绒地毯的背面用胶乳粘有一层网格底布。在挑选该地毯时，可用手将底布轻轻一撕，看看粘结力的程度，如果粘结力不高，底布与毯就容易分离，这样的地毯不耐用。

（7）看外观质量。在挑选地毯时，要查看地毯的毯面是否平整、毯边是否平直、有无瑕疵、油污、斑点、色差，尤其是簇绒地毯要查看毯背是否有脱衬、渗胶等现象，避免地毯在铺设使用中出现起鼓、不平等现象。

【思考题与习题】

思考题与习题
答案

一、填空题

1. 使用频率较高且技术成熟的通体砖有_____、_____、_____。

2. 玻化砖的吸水率要求为_____。

3. 天然石材广泛用于室内地面的主要有_____和_____两大类。

4. 人造装饰石材可分为_____、_____、_____与_____四类。

5. 在建筑装饰工程中常用的木地板有_____、_____、_____和_____。

6. 实木地板主要有_____、_____、_____、_____、_____。

7. 常用地面装饰材料地毯有_____、_____、_____、_____、_____和橡胶地毯。

二、简答题

1. 怎样选购釉面地砖？

2. 怎样选购地毯？

单元5
常用内墙装饰材料

【单元概述】

内墙装饰是指室内墙体表面环境的装修处理。具有保护墙体、美化环境的作用，增强墙体的坚固性和耐久性，延长墙体的使用寿命，提高墙体的使用功能。提高墙体的保温、隔热、隔声能力。

任务1　考察常用的内墙装饰材料

【任务描述】

学生利用课余时间去材料市场进行调查，收集典型内墙装饰材料样品或进行拍照。通过实地考察或网络查询，了解常用内墙装饰材料的品种、品牌、规格、用途、市场价位等。

【任务实施】

分组：班级学生按照4～5人为一组，每组选一名组长，带领本组人员进行市场调查、收集样品或拍照，填写材料分类表（见表5-1、每个类别至少列举三个品种或系列），并将收集到的样品或网络查询的图片资料在课堂进行展示。

内墙装饰材料市场调查表　　　　　　　　　　　　表 5-1

序号	类别	品种或系列	品牌或产地	规格（mm）	应用情况	产品主要特点	市场价
1	瓷砖	复古印象	诺贝尔	309×459	厨卫墙面粘贴	优质亚光釉面处理，清洁打理更方便，色彩丰富，规格完整；内敛、高档、独具品位的欧式风情；强度高，持久耐磨，吸水率低	80 元/块
2	大理石	金线米黄	埃及	600×1200 等	酒店，宾馆的装修等高档内墙干挂、也可用于柱面、门套线、窗台板等部位	浅米黄底上有均匀的深红色或深灰色线条线；尽显高档、大气；硬度高，耐磨性强，保养方便，寿命长	350 元/m²
3	陶瓷锦砖（马赛克）						
4	铝塑板						
5	木质人造板						
6	复合涂装板						
7	纸面石膏板						
8	硅酸钙板						
9	装饰玻璃						
10	壁纸、墙布						
11	乳胶漆						
12	预制轻质条板（松本墙板）						

任务 2　了解常用内墙装饰材料——石材类

【任务描述】

通过本任务，让学生了解常用内墙装饰材料石材类的主要定义、分类、规格、特点、应用、主要性能指标。

【学习支持】

一、装饰石材

装饰石材即建筑装饰石材，建筑装饰石材是指具有可锯切、抛光等加工性能，在建筑物上作为饰面材料的石材，包括天然石材和人造石材两大类。

天然石材指天然大理石和花岗岩，人造石材则包括水磨石、人造大理石、人造花岗岩和其他人造石材。装饰石材与建筑石材的区别在于多了装饰性。

二、天然大理石内墙装饰

（一）定义

天然大理石内墙装饰是指利用天然大理石板材和一定的施工方法对室内墙体表面环境的装修处理。

（二）分类

用于装饰工程中的天然石材有天然大理石、天然花岗石、天然洞石、青石、砂岩、火山石等几类；最常用于室内墙面装饰的天然石材是大理石，在室内装饰工程中经常使用的大理石品种主要有金线米黄（图5-1、图5-2）、银线米黄（图5-3）、新西米黄（如图5-4所示、实例效果如图5-5所示）、莎安娜米黄、啡网纹（如图5-6、图5-7所示，实例效果如图5-8所示）、紫罗红（图5-9）、珊瑚红（图5-10）、大花绿（图5-11）、爵士白（如图5-12所示，实例效果如图5-13所示）、汉白玉、苍山白（实例效果如图5-14所示）、鱼肚白（图5-15）、白沙米黄（图5-16）、土耳其灰（图5-17）、爱琴海灰（图5-18）、古堡灰（图5-19）、玛雅灰（图5-20）等十多个品种。

图5-1 金线米黄大理石（埃及）

图5-2 金线米黄大理石楼梯装饰

图 5-3　银线米黄大理石（意大利）

图 5-4　新西米黄大理石（埃及）

图 5-5　新西米黄大理石柱面装饰效果

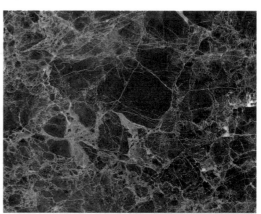

图 5-6　深啡网纹大理石（土耳其）

图 5-7　浅啡网纹大理石（土耳其）

图 5-8　深啡网纹大理石柱面装饰效果

图 5-9　紫罗红大理石（广东云浮）

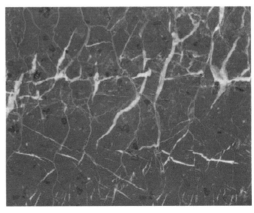

图 5-10　珊瑚红大理石（西班牙）

图 5-11　大花绿大理石（陕西）

图 5-12　爵士白大理石（意大利）

图 5-13　爵士白大理石柱面及门套线装饰效果

图 5-14　苍山白大理石墙面装饰效果

图 5-15　鱼肚白大理石

图 5-16　白沙米黄大理石

图 5-17　土耳其灰大理石

图 5-18　爱琴海灰大理石

图 5-19　古堡灰大理石

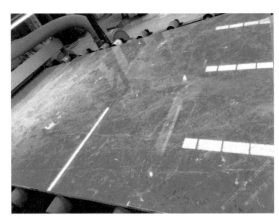 

图 5-20　玛雅灰大理石

（三）特点

（1）质地密实，可以磨平、抛光。抗压强度高，吸水率低。

（2）硬度一般，属于中硬石材。一般可用陶瓷或玻璃刻画。

（3）抗风化性较差，易被酸雨侵蚀。只有少量品种（汉白玉、白沙米黄等）可用于室外。在各种颜色的大理石中，暗红色、红色最不稳定，绿色次之。因此除少数质纯、杂质少，比较稳定耐久的品种，如汉白玉、艾叶青等可用于室外，绝大多数大理石品种只宜用于室内。

（4）表面多为纹理状，抛光后颜色更明显。

（四）应用

（1）工程上常用来加工成抛光板材。有标准板和异形板。

（2）天然石材除了常用于内墙柱面装饰外，还经常用于室内门窗套线、电梯间门脸、窗台板、服务台面、踢脚线、腰线、楼梯栏杆等处的装饰。

（3）光面板材一般不宜用于室外。尤其是红色系和黄色系。

（4）在室内使用时一般不宜用于地面。但汉白玉因材质硬，质地坚实可以用于地面或楼梯栏杆及踏步板的装饰。

（五）规格

天然大理石的加工规格有定型和不定型规格，一般厚度为 20 ～ 30mm。不定型规格可根据用户要求加工，天然大理石定型材料规格见表 5-2。

天然大理石定型材料规格（mm） 表 5-2

长×宽×高	长×宽×高	长×宽×高	长×宽×高
300×150×30	400×200×30	610×610×30	1070×750×30
300×300×30	400×400×30	900×600×30	1200×600×30
305×152×30	600×300×30	915×610×30	1200×900×30
305×305×30	600×600×30	1067×762×30	1220×915×30

（六）质量标准

大理石技术要求的规格公差、平度偏差、角度偏差、磨光板材的光泽度、外观、色调与花纹、物理 – 力学性能等应符合现行的行业标准《天然大理石建筑板材》GB/T 19766—2016 的规定。

（1）外观质量及尺寸偏差的要求

大理石板材分为优等品、一等品和合格品三个等级，外观质量应符合规定；其普通型板材的等级指标允许偏差应符合规定。

（2）物理力学性能要求

天然大理石的物理力学性能主要包括：镜面光泽度、吸水率、表观密度、干燥抗压强度、抗弯强度等，应符合规定。

（七）进场验收

（1）查看包装是否完整，标记是否清晰完整。

（2）查看产品合格证书及性能检测报告。

（3）查看大理石的品种、规格、数量是否与要求的一致。

（4）查看外观花纹和色调是否和样品一致。

（5）对产品表面缺陷的检查（按国标规范规定）。

（6）对产品尺寸偏差检验（按国标规范规定）。

小常识：工程上怎样选用大理石？

1. 大理石的规格：工程上一般选用 600mm×600mm 或以上的规格，常用的工程板的厚度为 20mm。干挂法施工时板材的厚度不宜小于 25mm，楼梯踏步贴面工程板的厚度不宜小于 20mm。

2．大理石的花色和品种：大理石的花色品种很多，花色品种达到商业使用价值的就有 400 多个品种，比较常用的品种有汉白玉、墨玉黑、金线米黄、银线米黄、西班牙米黄、古堡灰、玛瑙红等。

3．大理石的应用：天然大理石主要用于室内墙面、柱面、地面、台面等装饰工程，天然大理石一般不宜用于室外，因为多数大理石很容易风化而变色或失去光泽。只有汉白玉、艾叶青等少数品种可用于室外。大理石采用水泥砂浆粘贴施工时，应做防碱背涂处理，否则容易产生泛碱变色现象。

4．购买大理石应检查产品检验报告，并对产品尺寸偏差、外观质量、吸水率、光泽度等项目进行复检。

三、复合石材内墙装饰

（一）定义

复合石材内墙装饰是指以超薄石材为饰面材料，与其他一种或一种以上材料使用结构胶粘剂粘合而成的新型装饰材料。一般来说基本复合石材为 6 ～ 8mm，如图 5-21、图 5-22 所示。

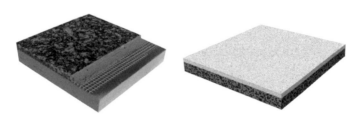

图 5-21　复合石材（一）

图 5-22　复合石材（二）

（二）特点

复合石材的特点是：

（1）复合石材成本便宜。较其他的石材来说，复合石材性价比高，复合石材的制作成本比较低廉。

（2）复合石材能保持色差。天然石材的色差控制很难把握，复合石材可以很好地弥补这一点，在装饰效果上更胜一筹。

（3）复合石材保温隔热性能好。

（4）复合石材产业化生产，质量稳定，绿色环保。

（5）复合石材轻质、安全，成品板重量轻，减轻建筑物的负担，减少安全隐患，提高系统的安全性。

（6）复合石材工序少、干扰小、工期短与传统施工工艺相比，一体化施工简单，大大缩短施工工期，减少交叉污染，消减质量隐患、安全隐患，在既有建筑的节能改造过程中不影响其正常办公。

（7）复合石材安装便捷、易加工、可更换，根据建筑外立面进行模数设计，生产标准尺寸成品板。系统安装先进、便捷，安装结构牢固，更换维护也相当简便。

任务3 了解常用内墙装饰材料——瓷砖类

【任务描述】

通过本任务学习，让学生了解常用内墙装饰材料内墙砖的主要定义、分类、规格、特点、应用、主要性能指标、内墙砖墙面应用注意事项。

了解常用内墙装饰材料 – 内墙砖

【学习支持】

一、定义

内墙面砖又称釉面砖或瓷片、瓷砖釉面砖，主要用于室内卫生间、浴室、厨房等墙面镶贴。表面有釉，属于精陶制品，采用低温快烧工艺制成。

二、分类

（1）亮光面砖，如图 5-23 所示；

（2）亚光面砖（单色），装饰效果如图 5-24 所示；

（3）仿古砖，装饰效果如图 5-25 所示；

（4）仿羊皮砖、仿石砖（装饰效果如图 5-26 所示）、仿布纹砖（装饰效果如图 5-27 所示）等；

（5）内墙砖花片（表面有浮雕图案），如图 5-28 所示；

（6）内墙砖腰线，如图 5-29、图 5-30 所示。

图 5-23　亮光面砖

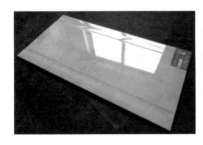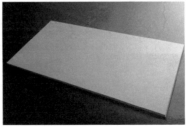

图 5-24　亚光面内墙砖

图 5-25　仿古砖

图 5-26　仿石砖

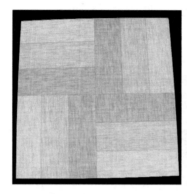

图 5-27　仿布纹砖

图 5-28　内墙砖花片

图 5-29　内墙砖腰线

图 5-30　仿古内墙砖结合花片、腰线装饰效果

三、规格

标准砖的规格为 300mm × 450mm、300mm × 600mm 等，其厚度通常为 6 ～ 10mm，以 300mm × 450mm 的规格最为常用。

四、特点

（1）表面光滑，釉面不吸水，最易清洗。

（2）防火、防水、耐用、耐腐蚀。

（3）烧结程度低，强度较低。

（4）坯体有较大的吸水率（一般为 10% ～ 15% 左右，最大可达 18% ～ 20%），遇低温或急冷急热可能导致釉面开裂。

五、应用

（1）主要用于浴室、卫生间、厨房、医院、实验室等卫生条件要求较高的场所的室内墙面、柱面、操作台面装饰。

（2）不能用于地面及外墙面，因为其耐磨性较差，吸水率较大。

（3）粘贴前必须用水泡透，凉至无明水再用，以免造成空鼓，脱落现象。

（4）采用瓷砖胶粘贴时不宜用水浸泡，可以直接涂胶粘贴施工。

小常识——瓷砖美缝剂应用

1.瓷砖美缝剂

瓷砖美缝剂是缝隙装饰的高档产品，主要分为单组份美缝剂和双组份美缝剂，单组份美缝剂成本比较低，但是相应的耐久度和硬度上稍微逊色一些，但是施工简单，比较实惠，如图5-31所示。

2.美缝剂作用

瓷砖美缝剂表面光洁、易于擦洗、方便清洁、防水防潮，可以避免缝隙滋生霉菌危害人体健康。

图5-31　美缝剂使用

3.适用范围

瓷砖美缝剂适用于瓷砖、陶瓷锦砖（马赛克）、石材、木板、玻璃、铝塑板等材料的缝隙装饰，也适用于厨卫浴室阴角装饰。

小常识——内墙砖的应用方法和使用注意事项

1. 规格：一般房间较小时宜选用 250mm×330mm、或 300mm×450mm 的规格，当房间较大时，可 300mm×450mm、300mm×600mm 的规格。并应优先选用无缝砖。

2. 无缝砖使用时拼缝宽度一般控制在 1mm 为宜，更具有现代感；仿古砖使用时拼缝宽度宜为 3～4mm，更具设计感。砖缝应使用专用勾缝剂嵌实，以免水从砖缝渗入墙内。

3. 内墙砖镶贴前应先根据实测的墙面尺寸进行排样，力求美观整齐，非整砖尽可能排布在不显眼的阴角处，窗口两侧和窗台下方处尽可能排成整砖或大半砖。所有的阳角应采用磨边对缝进行合口。

4. 内墙砖使用砂浆粘贴前必须用水泡透（图 5-32），凉至无明水备用（图 5-33），以免造成空鼓，脱落现象。

5. 内墙砖的用量（块数）计算方法:（实贴面积/单块砖面积）×（1+损耗率），内墙砖的损耗率一般在 5％～10％之间，房间越小损耗率越大，多色混用的损耗大于单色使用。

6. 粘贴内墙砖的水泥应采用 42.5MPa 的普通水泥或 32.5MPa 的复合水泥，水泥的用量为每袋（50kg）可贴 4～5m²。水泥膏要稠一点，加水太多则多余的水分蒸发而容易空鼓开裂。

图 5-32　内墙砖粘贴前泡水　　　图 5-33　内墙砖泡水后凉至无明水备用

小常识——怎样鉴别、选购内墙砖？

1. 尺寸精度：任意选取 9 块砖，在平整的地面上以 3×3 列进行紧密排列，观察拼缝的直线度和高低差，应尽量选用偏差较小的内墙砖。

2. 表面质量：任意选取几块砖观察表面有无缺陷：如砂眼、杂点、缺釉、釉面不平滑、釉裂、图案不能吻合、色差等。

3. 釉面硬度：用铁钉或小刀刮擦内墙砖的表面，观察是否有明显划伤。

4. 听声音：用左手掂起一块釉面砖，右手指敲击砖面，听声音是否清脆。声音越清脆，其瓷质就越好。

5. 测试吸水速度：将内墙砖背面朝上放平，用水杯将水倒在砖上，观察吸水速度，吸水速度越慢，则说明砖的吸水率越低，砖越密实。

6. 釉面的厚度：观察内墙砖的侧面釉层，釉层越厚的釉面砖镶贴后不易变色，釉面过薄，则施工后易造成透底变色现象。

任务 4　了解常用内墙装饰材料——木质人造板

【任务描述】

通过本任务，让学生了解常用内墙装饰材料木质人造板的主要定义、分类、规格、特点、应用、主要性能指标。

了解常用内墙装饰
材料－木质人造板

【学习支持】

一、定义

木质人造板材主要有胶合板、细木工板、密度板、刨花板、涂装板等，木质人造饰面板具有纹理清晰、色泽丰富、接触感好的装饰效果，因而木质饰面板的使用非常广泛。

二、分类

（一）胶合板

胶合板是制作家具或室内墙面装饰常用材料之一，通常其表板和内层板对称地配置在中心层或板芯的两侧。用涂胶后的单板按木纹方向纵横交错配成的板坯，在加热或不加热的条件下压制而成。层数一般为奇数，少数也有偶数。常用的有三合板（3 层通常 3mm 厚）、五合板（5 层通常 5mm 厚）、九厘板（9mm 厚）、十二厘板（12mm 厚）、十八厘板（18mm 厚）等，如图 5-34 所示。

装饰单板贴面胶合板是用天然木质装饰单板贴在胶合板上制成的人造板。装饰单板贴面胶合板是室内装修最常使用的材料之一，如图 5-35 所示。由于该产品表层的装饰单板是用优质木材经刨切或旋切加工方法制成的，所以比胶合板具有更好的装饰性能。该产品天然质朴、自然而高贵，可以营造出与人有最佳亲和高雅的居室环境。

胶合板通常的规格是：1220mm × 2440mm，而厚度规格则一般有：3mm、5mm、9mm、12mm、15mm、18mm 等。主要树种有：柳桉、椴木、水曲柳、桦木、杨木、松木等。胶合板的主要产地是印度尼西亚和马来西亚。

胶合板表面可以漆成各种类型的漆面（如果表面涂清漆，则应使用装饰单板贴面胶合板；如果表面进行混油施工，则可用普通胶合板；涂装板表面已经进行树脂涂层处理，不需再涂刷油漆），可裱贴各种墙布、墙纸，各种玻璃装饰板等，也可进行涂料的喷涂处理，如图 5-36 所示。

普通胶合板一般白乳胶粘贴在基层上，并使用蚊钉枪打钉固定，然后表面进行混油施工；三聚氰胺贴面胶合板一般采用单组分万能胶粘贴在基层板上，也可以用白乳胶粘贴在基层上，并使用蚊钉枪打钉固定，施工后的钉眼用专用钉眼腻子填平即可。

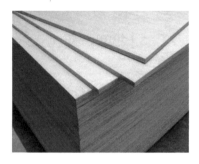  

图 5-34　普通胶合板　　　　图 5-35　装饰单板贴面胶合板　　　　图 5-36　涂装板

（二）涂装板

涂装板，指的是已经做好漆面的木饰面板。涂装的工艺很多，一般都是根据客户的要求进行加工，如图 5-37 所示。

木饰面涂装板是近年来受欢迎的材料之一，采取板木结合的形式，营造出一个舒适的人居环境。好的 UV 木饰面涂装板是用夹板贴木皮，经 UV 光固化涂料涂装而成的饰面板，具有环保无毒、经济实用等特点，是别墅、商业空间、定制家居、酒店等高端装修的选择产品之一。

图 5-37　涂装板

（三）细木工板

细木工板俗称大芯板，是由两片单板中间胶压拼接木板条而成。这种板材表面平整、尺寸规范、幅面大、密度小、变形小、强度高、易加工。

细木工板常用规格为 1220mm×2440mm，厚度 15 ～ 18mm，如图 5-38、图 5-39 所示。

普通细木工板常用作基层板或制作门窗家具的框架，表面需粘贴装饰面板或进行混油涂刷施工。三聚氰胺贴面细木工板表面有三聚氰胺树脂装饰层，表面不必进行任何装饰处理，可直接用于制作家具或进行墙柱面装饰施工，施工后的钉眼用专用钉眼腻子填平即可。

图 5-38　细木工板　　　　　　图 5-39　三聚氰胺贴面细木工板

（四）密度板

密度板也称纤维板，是将木材、树枝等物体放在水中浸泡后经热磨、铺装、热压而成，是以木质纤维或其他植物纤维为原料，施加脲醛树脂或其他适用的胶粘剂制成的人造板材，如图 5-40 所示。

因成型时温度与压力不同，密度板可分为硬质和中密度两种，市场上常用的为中密度板。硬质密度板有良好的力学性能，易于弯曲，可用于一些曲面造型部位的装饰面基层；中密度纤维板厚度较大，不易变形，结构均匀，密度适中、力学强度高、不易胀缩翘曲和开裂，完全避免了木材的各种缺陷，切板材表面的装饰性能好。常用的规格尺寸：1220mm×2440mm 等，厚度为 3～20mm。

图 5-40　密度板

（五）刨花板

刨花板是由木材碎料（木刨花、锯末等）或非木材植物碎料（麦秆、稻草等）与胶粘剂一起热压而成的人造板材。刨花板有普通刨花板、定向刨花板和三聚氰胺贴面刨花板等（图 5-41 ～图 5-43）。普通刨花板用作装饰基层板，定向刨花板和三聚氰胺贴面刨花板可直接用于装饰面，定向刨花板表面一般还要进行清漆护面处理。

刨花板表面平整，纹理逼真，容重均匀，厚度误差小，耐污染，耐老化，美观，可进行油漆和各种贴面，具有良好的吸声、隔声、绝热等功能。但其抗弯形及抗拉性能较差，密度低，握钉能力较差、易松动，所以加工固定一般要采用加钉加胶固定。常用的规格尺寸：1000mm×2000mm、1220mm×2440mm 等，厚度为 8 ～ 20mm。

图 5-41　普通刨花板

图 5-42　定向刨花板（欧松板）

图 5-43　三聚氰胺贴面刨花板

（六）硅酸钙板

硅酸钙板作为新型绿色环保建材，除具有传统石膏板的功能外，更具有优越防火性能及耐潮、使用寿命超长的优点，大量应用于工商业工程建筑的顶棚和隔墙，家庭装修、家具的衬板、广告牌的衬板、仓库的棚板、网络地板以及隧道等室内工程的壁板，如图 5-44、图 5-45 所示。

图 5-44 硅酸钙板（一）　　　　　　　　图 5-45 硅酸钙板（二）

1. 分类

硅酸钙板是以无机矿物纤维或纤维素纤维等松散短纤维为增强材料，以硅质—钙质材料为主体胶结材料，经制浆、成型、在高温高压饱和蒸汽中加速固化反应，形成硅酸钙胶凝体而制成的板材。是一种具有优良性能的新型建筑和工业用板材，其产品防火，防潮，隔声，防虫蛀，耐久性较好，是吊顶、隔断的理想装饰板材。硅酸钙板分保温用硅酸钙板和装修用硅酸钙板。

厚度在 4 ~ 20mm，长宽以 1220mm×2440mm 为主。同时有以大规格硅酸钙板加工成的装饰用硅酸钙顶棚，其以防火、抗下陷、品种多等优势，被广泛地用于吊顶。

2. 特点

1）防火性能。硅酸钙板是不燃 A1 级材料，万一发生火灾时，板材不会燃烧，也不会产生有毒烟雾。

2）防水性能。硅酸钙板有好的防水性能，在卫生间，浴室等高湿度的地方，仍能保持性能的稳定，不会膨胀或变形。

3）强度高。硅酸钙板强度高，6mm 厚板材的强度大大超过 9.5mm 厚的普通纸面石膏板。硅酸钙板墙体坚实可靠，不易受损破裂。

4）尺寸稳定。硅酸钙板采用先进的配方，在严密的质量下控制生产，板材的湿涨和干缩率控制在最理想的范围。

5）隔热隔声。硅酸钙板有良好的隔热保温性能，10mm 厚隔墙的隔热保温性能明显优于普通砖墙的效果，同时具有很好的隔声效果。

6）使用寿命长。硅酸钙板的性能稳定，耐酸碱，不易腐蚀，也不会遭潮气或虫蚁等损害，可保证有超长的使用寿命。

3. 应用

1）使用场所

商用建筑：商务大厦、娱乐场所、商场、酒店工业建筑；工厂、仓库住宅建筑；新型住宅、装修翻新公共场所；医院、剧院、车站。

2）主要用途

是墙体、吊顶、地板、家具、道路隔声、吸声屏障、船舶隔舱和风道等工业用板及吸声墙、吸声顶棚、浇筑墙体、复合墙板的面板等领域，如图 5-46 所示。

图 5-46　硅酸钙板隔墙

三、木质人造板的甲醛释放量指标要求

根据甲醛的释放量分为 E0 级（不大于 0.5mg/L、干燥器法）、E1 级（不大于 1.5mg/L、干燥器法）和 E2 级（不大于 5.0mg/L、干燥器法）三个级别。E0 级、E1 级可直接使用于室内，E2 级必须表面经涂饰或贴面覆膜后方可在室内使用。

任务 5　了解常用内墙装饰材料——金属板类

【任务描述】

通过本任务，让学生了解常用内墙装饰材料铝塑板、铝单板、复合铝单板（蜂窝铝板）的主要定义、分类、规格、特点、应用、主要性能。

【学习支持】

一、铝塑板

（一）定义

铝塑板是铝塑复合板的简称，是指以塑料为芯层（普通聚乙烯芯或防火聚乙烯芯层），两面为铝材的三层复合板材，并在产品表面覆以装饰性和保护性的涂层作为产品的装饰面，如图 5-47 所示。

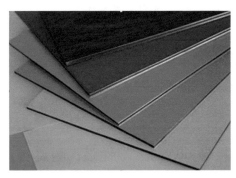

图 5-47　铝塑板

（二）分类

1）铝塑板按表面装饰效果分：镜面铝塑板、拉丝铝塑板、冲孔铝塑板、仿石纹铝塑板、仿木纹铝塑板、浮雕花纹铝塑板等。

2）铝塑板按颜色分：纯白、亚白、杏色、闪银、白银灰、金色、香槟金、香槟银、香槟色、广告黄、柠檬黄、绯红、深玫红、橙色、橘（桔）红、翡翠玉、苹果绿、邮政绿、湖水蓝、电信蓝、浅蓝、灰蓝、深灰、深蓝、咖啡色、黑珍珠、铝本色、金拉丝、银拉丝等。

3）铝塑板按表面涂层类别分：聚酯铝塑板（PET、主要用于室内）、氟碳铝塑板（PVDF、主要用于室外）。

4）铝塑板按用途分：普通装饰用铝塑板、幕墙用铝塑板、防火铝塑板、纳米抗污铝塑板等。

（三）应用

铝塑板可用于建筑物外墙饰面高档装修，以及制作挑棚、商业门头、护板和广告牌等，也可应用于内墙面、柱面及顶棚、电梯间门脸、柜台、形象墙等处的高级装饰装修，如图 5-48 所示。

图 5-48　铝塑板内墙面装饰效果

（四）特点

（1）材质轻（比同厚度的普通铝板轻 60%）、刚性强、耐腐蚀、耐候、隔热、隔声、防水、防火、防潮、抗震性好；

（2）铝塑板具有平面度高、可加工性好、可快速施工等的优点；

（3）豪华美观、艳丽多彩的装饰性。

（五）规格

标准尺寸：1220mm×2440mm；1220mm×2440mm，厚度 2.5～5mm。

最大尺寸规格为：1600mm×6000mm。

外墙铝塑复合板系列：铝厚有五种规格：0.30mm、0.35mm、0.40mm、0.45mm、0.50mm；涂层由聚酯树脂（PET）和氟碳树脂（PVDF）两种类型。

内墙铝塑复合板系列：铝厚有五种规格：0.30mm、0.21mm、0.18mm、0.15mm、0.12mm；涂层为聚酯树脂（PET）。

防火铝塑复合板系列：铝厚有六种规格：0.25mm、0.30mm、0.35mm、0.40mm、0.45mm、0.50mm；涂层为氟碳树脂（PVDF）。板厚可达到 3～5mm；

一般来说，外墙用铝塑板的总厚度不应小于 4mm，铝塑板正面铝皮的厚度不少于 30 丝（0.3mm），表面涂层应采用氟碳漆，中间塑料层为挤出型 PE 树脂。

（六）简易检验方法

1）看：看铝塑板表面是否平整、光滑、无波纹、鼓泡、划痕、疵点。

2）测：铝塑板的厚度是否达到要求，用于内墙的不少于 3mm，用于外墙的不少于 4mm。

3）折：折铝塑板的一角，易断的不是 PE 材料，或掺假。

4）烧：将铝皮揭掉，将中间塑料部分点燃，真正的 PE 材料呈淡蓝色火焰，可以完全燃烧。

5）滴：表面滴上丁酮，等 5 分钟之后，擦掉试剂，看是否露底：露底的是聚酯涂层；不漏底的采用的是氟碳涂层，可用于室外。

二、铝单板

（一）定义

铝单板以高等级铝合金为主要材料，经过裁剪、折边、弯弧、焊接挂耳、加筋、打磨、喷涂等工序等多种加工工艺处理完成的高档次装饰材料产品。铝单板表面平整光滑、有良好的耐刻划和耐腐蚀性能，有多种颜色涂层可供选择，如图 5-49、图 5-50 所示。

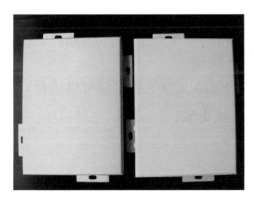

图 5-49 铝单板正面

板面
加强筋
螺栓
角码

图 5-50 铝单板背面

铝单板应用场合也是非常广泛，适用于公共建筑物外墙（金属幕墙）高级装饰如机场、候车室、地铁站台如等内墙、柱面、吊顶等装饰，也可用于会议厅、歌剧院、体育场馆、接待大堂等室内外墙柱面装饰，如图 5-51、图 5-52 所示。

图 5-51　地铁站台墙面柱面安装铝单板效果

图 5-52　铝单板效果

（二）特点

（1）重量轻、强度高、面板可加工成弧形；

（2）具有平整光滑的外观效果，丰富的规格、颜色和接缝可供选择；

（3）独特的安装系统，施工快捷，可单块拆装；

（4）耐用、抗腐蚀、防火、防振。

（三）规格

面板长度：不大于 3000mm、面板宽度：不大于 1500mm、面板厚度：1.5mm、2.0mm、2.5mm、3.0mm 等。

（四）分类

按表面涂层分类：聚酯涂层、氟碳涂层、烤瓷涂层等。

按面板颜色分类：单色（可按色卡颜色选择）、金属色、仿木纹色、仿石纹色等。

按表面加工形式分类：冲孔平面铝单板、冲孔弧面铝单板（图 5-53、图 5-54）、雕花铝单板（分激光镂雕、浮雕、化学蚀刻等，如图 5-55 所示为镂雕铝单板）等。

按用途分类：幕墙用铝单板、室内用铝单板、圆弧形铝单板（包圆柱用，如图 5-56 所示）等。

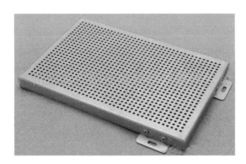

图 5-53　冲孔平面铝单板

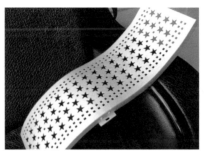

图 5-54　冲孔弧面铝单板

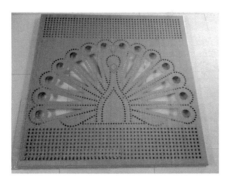

图 5-55　雕花（镂空雕刻）铝单板

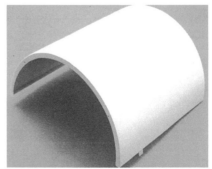

图 5-56　圆弧形铝单板

（五）安装方法

铝单板吊顶构造与铝塑板干挂法相同，如图 5-57、图 5-58 所示。铝单板的干挂比铝塑板要更简单一些，因为铝单板的规格和折边加工、挂耳安装都是事先根据设计要求在工厂进行的。现场只需根据设计要求进行干挂固定即可。

图 5-57　铝单板包圆柱做法　　　　图 5-58　铝单板包圆柱效果

三、铝蜂窝板

铝蜂窝板是航空、航天材料在民用建筑、车船装饰等领域的应用，如图 5-59 所示。

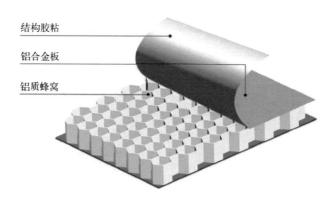

图 5-59　蜂窝板结构

（一）规格

其面板主要选用优质的 3003H24 合金铝板或 5052AH14 高锰合金铝板为基材，面板厚度为 0.8～1.5mm 氟碳滚涂板或耐色光烤漆，耐色光烤漆在抗划痕、耐酸雨腐蚀变色、自洁性方面强于 PVDF，底板厚度为 0.6～1.0mm，总厚度为 25mm。芯材采用六角形 3003 型铝蜂窝芯，铝箔厚度 0.04～0.06mm，边长 5～6mm，采用辊压成型技术完成正、背表皮的成型，全自动机器设备折边，正、背表皮在安装边紧紧咬合。总厚度为

15mm，面板底板均为 1.0mm 厚的铝蜂窝板只有 6kg/m²。具有相同刚度的蜂窝板重量仅为铝单板的 1/5，钢板的 1/10，相互连接的铝蜂窝芯就如无数个工字钢，芯层分布固定在整个板面内，使板块更加稳定，其抗风压性能大大超于铝塑板和铝单板，并具有不易变形，平面度好的特点，即使蜂窝板的分格尺寸很大。也能达到极高的平面度，是目前建筑业首选的轻质材料，如图 5-60 所示。

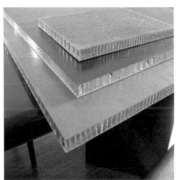

图 5-60　蜂窝板

（二）特点

蜂窝板为复合型板材，具有质量轻，强度高，平整度好，板面大，安装简便，易维护，环保性好，可重复利用，抗热胀冷缩性能优异等优点。

（三）应用

由于蜂窝材料具有抗高风压、减震，隔声、保温、阻燃和比强度高等优良性能。铝蜂窝板幕墙以其质轻、强度高、刚度大等诸多优点，已被广泛应用于高层建筑外墙装饰。

任务 6　了解常用内墙装饰材料——涂料类

【任务描述】

通过本任务，让学生了解常用内墙装饰材料中内墙乳胶漆的主要定义、分类、应用、主要性能指标等内容。

了解常用内墙装饰材料 – 内墙乳胶漆

【学习支持】

一、乳胶漆

（一）定义

乳胶漆是一种主要成分为水分散型合成树脂，市场上一般用铁桶包装，如图5-61所示。乳胶漆能用水作为稀料的涂料。由于乳胶漆价格便宜、施工方便、安全环保等优点，深受人们喜爱。

图 5-61 内墙乳胶漆及部分色卡示意图

（二）分类

（1）亚光漆：漆膜半反光、不晃眼，有较高的遮盖力，良好的耐洗刷性，附着力强，耐碱性好，安全环保施工方便，流平性好，适用于宾馆、机关学校、民用住房等室内墙面、顶棚的涂刷。

（2）丝光漆：涂膜平整光滑、质感细腻，具有丝绸光泽，有较强的耐沾污性和优良的附着力，流平性好，施工方便，是宾馆、公寓、住宅楼、寺庙、写字楼、商业楼内墙和顶棚墙装饰。

（三）特点

（1）以水为分散介质，价格低、施工方便。

（2）安全环保低毒，由于不使用有机溶剂，施工中不会产生影响工人身体健康的挥发性气体，不会引起火灾的发生，不用采取强制排风措施，所以乳胶漆很安全。

（3）涂膜的透气性好、无结露现象。

（4）可以在较潮湿的基层上施工。

（5）涂膜的耐刷洗性好。

（6）可重涂在旧乳胶漆墙面上经简单的清洁处理后可直接涂刷新涂料。

（四）应用

乳胶漆主要用于墙面装饰（内墙要用内墙乳胶漆、涂刷外墙的要用外墙乳胶漆），也有专用于地面防水和木材表面的乳胶漆。乳胶漆在使用时一定要按照使用说明进行。

（1）注意乳胶漆的保质期，一般保质期为 18 个月，过期的乳胶漆不宜使用。

（2）注意最大加水量，乳胶漆使用时加水量一般不超过 1/3，加水量过多则不会成膜。

（3）注意最低施工温度，一般为 5℃ 左右，低于此温度施工则不会成膜。

（4）涂刷方法可采用刷涂、滚涂、喷涂等方法，最少要涂两遍。一般第一遍涂刷完成后，等 3h 左右可涂刷第二遍。

（5）乳胶漆如果需要调色，必须将对应的色浆用足量的清水化开后搅匀，过滤后缓慢加入乳胶漆中，充分搅匀再使用；要根据需要一次调好足量的色漆，因为如果漆不够时，再次调出同一种颜色几乎不可能。

（6）乳胶漆的用量：内墙乳胶漆常见的包装有两种：一种是 5L 桶装，另一种是 18L 桶装，5L 桶装的一般每桶（按涂刷两遍）可涂刷 $30 \sim 40m^2$ 左右，18L 桶装的一般每桶可涂刷 $80 \sim 100m^2$ 左右。

内墙乳胶漆装饰的效果，如图 5-62 所示。

图 5-62　内墙乳胶漆装饰的效果

二、液体壁纸

（一）定义

液体壁纸是一种新型艺术涂料，也称壁纸漆，是集壁纸和乳胶漆特点于一身的环保水性涂料。它由专业的施工人员，通过专用的施工工具施工到墙面上，可根据装修者的意愿创造不同的视觉效果，既克服了乳胶漆色彩单一、无层次感的缺陷，也避免了壁纸易变色、翘边、有接缝等缺点。

液体壁纸是一种通过专用的模具（一般有橡胶滚轮、网版、海绵印章等模具），如图 5-63、图 5-64 所示，用于墙面印花的特种水性涂料。图案逼真、细腻、无缝连接，不起皮、不开裂，色彩自由搭配，图案可个性定制。在不同的光源下可产生不同的折光效果，立体感强，有一种高雅华贵的感觉。该涂料适合住宅、酒店、办公楼、医院、学校等大型建筑物内墙的墙面、顶棚、石膏板隔墙等表面装饰。

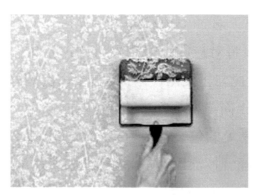

图 5-63　橡胶滚轮印制图案　　　　图 5-64　网版印制图案

（二）特点

液体壁纸的特点有：

（1）光泽度好。

（2）施工简便迅速。最新研制的模具和施工方法，产品的施工速度更快、效果更好、材料更省尤其是独创的印花施工方法。

（3）产品系列齐全。产品有印花、滚花、夜光、变色龙、浮雕五大产品系列、上千种图案及专用底涂供顾客选择，花色不仅有单色系列、双色系列，还有多色系列。能够最大限度上满足不同顾客的需求。

（4）浓度高，施工面积大。印花漆的浓度较高，经检测：1.5kg 印花涂料可以施工 80 ~ 100m²；2kg 辊花涂料可以施工 100 ~ 150m²。配合专用液体壁纸底漆使用。

（5）产品别具特色。新换代的印花壁纸漆图案效果栩栩如生。

（6）易清洗。液体壁纸不容易刮坏、易清洗防潮不开裂。

（三）施工方法

液体壁纸的施工方法是做好乳胶漆饰面后，再往乳胶漆表面用专业工具印上特定的图案，如图 5-65 所示。

图 5-65　液体壁纸装饰效果

三、墙纸

墙纸也称为壁纸，是一种用于裱糊墙面的室内装修材料，广泛用于住宅、办公室、宾馆、酒店的室内装修等。材质不局限于纸，也包含其他材料，如图 5-66 所示。

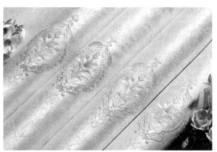

图 5-66　壁纸（墙布）

（一）特点

1. 优点

（1）色彩纯正。壁纸的色调永远是纯正的，因为壁纸从选购到贴到墙上都不会发生颜色的变化，不用担心有色差。

（2）健康环保。壁纸一般由三部分组成，纸基和油墨是其中两部分，另外一部分取决于壁纸材质的分类。从组成来看，壁纸对人体的危害程度远远低于乳胶漆（壁纸存在三类有害物质，即甲醛、重金属、氯乙烯单体，依然可能危害人体健康）。

（3）使用寿命长。使用制作工艺先进的壁纸，其材质更好，使用寿命也会更长。

（4）施工速度快、干净。粘贴壁纸时，如果胶液不慎溢出到踢脚板或窗户边框上，一般我们使用湿抹布或是湿海绵就可以很快清除干净。

（5）样式丰富。选购自己喜欢的壁纸，打造出任何想要的效果。

（6）价格空间大：价格方面可以满足不同层次的需要。

2. 缺点

（1）造价高。造价比乳胶漆相对贵些。

（2）易脱层。不透气材质的壁纸容易翘边，墙体潮气大，时间久了容易发生脱层。

（3）不耐擦洗。一些壁纸色牢度较差，不耐擦洗。

（4）易褪色。印刷工艺低的壁纸时间长了会有褪色现象，尤其是日光经常照的地方。

（5）存在接缝。颜色深的纯色壁纸容易显接缝。而收缩度不能控制的纸浆壁纸需要搭边粘贴，会显出一条条搭边竖条，整体视觉感有影响。

（6）更换麻烦。小部分壁纸再更换需要撕掉并重新处理墙面，比较麻烦。

（7）施工水平和质量不容易控制。

（二）分类

壁纸分为很多类，如覆膜壁纸、涂布壁纸、压花壁纸等。通常用漂白化学木浆生产原纸，再经不同工序的加工处理，如涂布、印刷、压纹或表面覆塑，最后经裁切、包装后出厂。具有一定的强度、韧度、美观的外表和良好的抗水性能，如图 5-67 所示。

图 5-67　壁纸装修效果

根据材质的不同可以分为云母片壁纸、木纤维壁纸、纯纸壁纸、无纺布壁纸。

1. 云母片壁纸

云母是一种硅酸盐结晶，因此这类产品高雅有光泽感。具有很好的电绝缘性，安全系数高，既美观又实用，有小孩的家庭非常喜爱，如图 5-68 所示。

推荐场所：公众场所、沙发背景、客厅电视背景等。

图 5-68　云母片壁纸

2. 木纤维壁纸

木纤维壁纸的环保性、透气性都是最好的，使用寿命也最长。表面富有弹性，且隔声、隔热、保温，手感柔软舒适。无毒、无害、无异味，透气性好，而且纸型稳定，随时可以擦洗，如图 5-69 所示。

推荐场所：主卧等。

图 5-69　木纤维壁纸

3. 纯纸壁纸

以纸为基材，经印花后压花而成，自然、舒适、无异味、环保性好，透气性能强。因为是纸质，所以有非常好的上色效果，适合染各种鲜艳颜色甚至工笔画。纸质不好的产品时间久了可能会略显泛黄，如图 5-70 所示。

推荐场所：儿童房等。

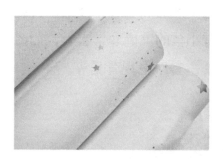

图 5-70　纯纸壁纸

4. 无纺布壁纸

以纯无纺布为基材，表面采用水性油墨印刷后涂上特殊材料，经特殊加工而成，具有吸声、不变形等优点，并且有强大的呼吸性能，如图 5-71 所示。

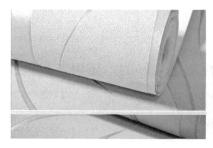

图 5-71　无纺布壁纸

无纺布壁纸是壁纸当中最为环保的一种。其材质是由纯天然的棉麻纤维经过无纺形成。根据所含纤维量的不同，分为两种材质。纤维量低于 16%，称作无纺纸；高于 16%，称作无纺布。越高越趋向于布，比如无纺布环保购物袋。

因为其非常薄，施工起来非常容易，非常适合喜欢"DIY"的年轻人。

（三）应用

墙纸作为能够美化环境的装饰材料，在很多场所都适用。

（1）家庭：客厅、卧室、餐厅、儿童房、书房、娱乐室等；

（2）商业空间：宾馆酒店、餐厅、百货大楼、商场、展示场等；

（3）行政空间：办公楼、政府机构、学校、医院等；

（4）娱乐空间：餐厅、歌舞厅、酒吧、KTV、茶馆、咖啡馆等。

任务 7　了解常用内墙装饰材料——金属类

【任务描述】

通过本任务学习，让学生了解常用内墙装饰材料——金属类不锈钢饰面板的主要定义、分类、品种、特点、应用。

【学习支持】

不锈钢装饰板是一种特殊的钢板，具有优异的耐蚀性、优越的成型性以及赏心悦目的外表，因此在装饰工程中广泛应用。

一、分类

不锈钢装饰板主要有纯色不锈钢、镀色钛金不锈钢、彩色不锈钢板、镜面不锈钢板、浮雕不锈钢板等，如图 5-72 ～图 5-74 所示。

二、规格

1. 不锈钢板：厚度为 1.0 ～ 3.0mm，规格尺寸为 1219mm×2438mm、1000mm×2000mm 等，其他尺寸可定做。厚度为 3.0 ～ 80mm，规格尺寸为 1500mm×6000mm、1800mm×6000mm 等，其他尺寸或其他板厚可以定做。

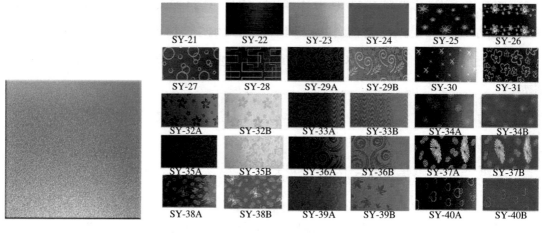

SY-21	SY-22	SY-23	SY-24	SY-25	SY-26
SY-27	SY-28	SY-29A	SY-29B	SY-30	SY-31
SY-32A	SY-32B	SY-33A	SY-33B	SY-34A	SY-34B
SY-35A	SY-35B	SY-36A	SY-36B	SY-37A	SY-37B
SY-38A	SY-38B	SY-39A	SY-39B	SY-40A	SY-40B

图 5-72　彩色不锈钢板

图 5-73　镜面不锈钢板

图 5-74　浮雕不锈钢板

2. 不锈钢卷：厚度为 1.0 ~ 8.0mm，宽度 1219mm、1000mm、1500mm、1800mm 等。

3. 不锈钢带：厚度为 0.3 ~ 6.0mm，宽度可订裁。

4. 不锈钢管：外径 $\phi 6$ ~ 377mm，壁厚 $\phi 1.0$ ~ 20mm（无缝）。焊管外径 $\phi 10$ ~ 1210mm，壁厚 $\phi 0.5$ ~ 10mm。非标规格定做，长度可定尺，如图 5-75 所示。

5. 不锈钢棒：ϕ 5.0 ～ 200mm，特大规格定做。

不锈钢装饰板材：依据设计要求对板材的品种、型号、规格确定，将所用的板材准备齐全。不锈钢装饰板的材质报告、产品合格证必须具有。订货加工的必须按照设计要求给厂家作好加工交底。

三、质量要求

金属墙板表面质量满足表面平整、洁净、色泽均匀，无划痕、凹坑、麻点、翘曲、皱褶、无波形折光，收口条割角整齐，搭接严密无缝隙。

图 5-75　不锈钢管

任务 8　了解常用内墙装饰材料——艺术玻璃

【任务描述】

通过本任务学习，让学生了解常用内墙装饰材料——艺术玻璃的主要定义、分类、品种、特点、应用。

【学习支持】

一、定义

艺术玻璃取材传统玻璃，经过二次艺术加工、有艺术形态，是高科技和创新工艺的结合，广义上讲是用艺术的手法在玻璃材质上加工。其艺术表现手法为：雕刻、沥线、物理暴冰、彩色聚晶、磨砂、乳化、热熔、图案夹层、贴片等。

二、应用

艺术玻璃作为屏风、壁饰、背景墙或空间隔断出现，已成为公共和家居空间中极具艺术表现力的精彩材质。艺术玻璃广泛用于门、窗、店面、宾馆、舞厅、屏风、隔断 、墙面、顶棚、家具等装饰。艺术玻璃还可以用来做家居中的文化墙，多彩图案的彩色艺术玻璃能与许多类型的家居环境相统一。

三、品种

艺术玻璃品种很多，根据其加工工艺可分为艺术夹层玻璃、聚晶玻璃、镭射玻璃、冰裂玻璃、热熔壁饰玻璃、热熔水泡玻璃、彩晶玻璃、水晶彩玻璃、冰蒙玻璃、冰雕玻璃、彩釉玻璃、刻花玻璃、晶钻玻璃等，如图 5-76 ～图 5-87 所示。

图 5-76　艺术夹层玻璃

图 5-77　聚晶玻璃

图 5-78　镭射玻璃

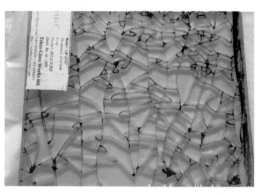

图 5-79　冰裂玻璃

图 5-80　热熔壁饰玻璃

图 5-81　彩晶玻璃

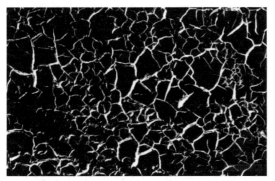

图 5-82　冰裂玻璃

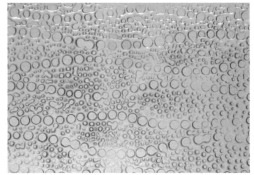

图 5-83　冰雕玻璃

图 5-84　乳花玻璃

图 5-85　彩釉玻璃

图 5-86　刻花玻璃　　　　　图 5-87　水晶钻石玻璃（晶钻玻璃）

四、LED 玻璃

LED 玻璃是 LED 光源与玻璃完美结合的一种产品，LED 玻璃是用 LED 做光源，组成特定的图案、图像、标识，植入玻璃中，在玻璃内部排列不同的图案，并通过数控使其产生光点排列及变向闪烁的产品，属于一种新型环保节能材料。

LED 玻璃是突破建筑装饰材料的传统概念，共有红、蓝、黄、绿、白五种颜色。可预先在玻璃内部设计图案或文字，后期通过全数字智能技术实现可控变化，自由掌控 LED 光源的明暗及变化。而内部则采用了完全透明的导线，在玻璃表面看不到任何线路，经过后期的特殊处理之后，无论是技术要求，还是安全要求，都达到了国家的相关认证标准。LED 应用在玻璃产业领域是一大技术性突破。

这种新型环保节能材料可广泛适用于各种大型建筑、室内装潢设计、娱乐场所、户外广告展示应用等，如图 5-88 ~ 图 5-91 所示。

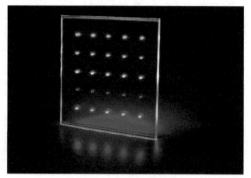

图 5-88　LED 玻璃（一）　　　　　图 5-89　LED 玻璃（二）

图 5-90　LED 玻璃（三）

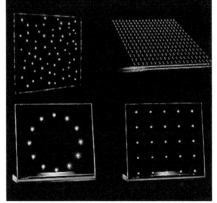
图 5-91　LED 玻璃（四）

思考题与习题
答案

【思考题与习题】

一、选择题。

1. 不属于人造石材的是（　　　）。

A. 水磨石　　　　B. 人造大理石　　　　C. 人造花岗岩　　　　D. 天然石材

2. 天然大理石的加工规格有定型和不定型规格，一般厚度为（　　　）mm。

A.10　　　　B.20　　　　C.30　　　　D.50

3. 不属于大理石板材等级划分的是（　　　），外观质量应符合规定。

A. 优等品　　　　B. 一等品　　　　C. 不合格品　　　　D. 合格品

4. 胶合板通常的规格是（　　　）mm。

A.2220×2440　　B.1220×2440　　　　C.1220×1440　　　　D.1220×2220

5. 木质人造板的甲醛释放量指标，甲醛的释放量≤ 0.5mg/L、干燥器法属于（　　　）。

A.E0 级　　　　B.E1 级　　　　C.E2 级　　　　D.E3 级

6. 关于壁纸的分类，不属于根据材质的不同来分的是（　　　）。

A. 覆膜壁纸　　　B. 云母片壁纸　　　　C. 木纤维壁纸　　　　D. 纯纸壁纸

7. 乳胶漆的保质期，一般保质期为（　　　）个月，过期的乳胶漆不宜使用。

A.18　　　　B.24　　　　C.12　　　　D.6

8. 乳胶漆使用时加水量一般不超过（　　　），加水量过多则不会成膜。

A.1/2　　　　B.1/4　　　　C.1/5　　　　D.1/3

9. 关于铝单板的分类，不属于按表面涂层分类的是（　　　）。

A. 聚酯涂层　　　　　B. 氟碳涂层　　　　　C. 冲孔铝单板　　　　　D. 烤瓷涂层

10. 硅酸钙板是（　　　）材料，万一发生火灾时，板材不会燃烧，也不会产生有毒烟雾。

A. 不燃 A1 级　　　　B. 不燃 A2 级　　　　C. 难燃 B1 级　　　　D. 可燃 B2 级

二、填空题。

1. 壁纸一般由三部分组成，_____和_____是其中两部分，另外一部分取决于壁纸材质的分类。

2. 纤维量低于 16%，称作_____；高于 16%，称作_____。

3. 铝塑板的厚度是否达到要求，用于内墙的不少于_____mm，用于外墙的不少于_____mm。

4. 因成型时温度与压力不同，密度板可分为_____和_____两种

5. 瓷砖美缝剂是缝隙装饰的高档产品，主要分为_____美缝剂和_____美缝剂。

6. 装饰石材即建筑装饰石材，包括_____和_____两大类。

三、简答题。

1. 内墙装饰的作用是什么？

2. 复合石材的定义是什么？

3. 内墙面砖的特点主要包括哪些？

4. 瓷砖美缝剂的作用主要有哪些？

5. 硅酸钙板的特点主要包括哪些？

6. 蜂窝板为复合型板材，具有哪些优点？

单元 6
常用外墙装饰材料

【单元概述】

外墙装饰是指建筑外墙表面环境的装修处理。具有保护墙体的作用，增强墙体的坚固性和耐久性，延长墙体的使用寿命，提高墙体的使用功能。提高墙体的保温、隔热、隔声能力，提高建筑的艺术效果。

任务1　考察常用的外墙装饰材料

【任务描述】

学生利用课余时间去材料市场进行调查，收集常用外墙装饰材料样品或进行拍照。通过实地考察或网络查询，了解常用外墙装饰材料的品种、品牌、规格、用途、市场价位等。

【任务实施】

分组：班级学生按照4～5人为一组，每组选一名组长，带领本组人员进行市场调查、收集样品或拍照，填写材料分类表（见表6-1、每个类别至少列举三个品种或系列），并将收集到的样品或网络查询的图片资料在课堂进行展示。

外墙装饰材料市场调查表   表 6-1

序号	类别	品种或系列	品牌或产地	规格（mm）	应用情况	产品主要特点	市场价
1	建筑玻璃						
2	花岗石						
3	金属墙板						
4	陶板						
5	涂料						

任务 2　了解常用外墙装饰材料——建筑玻璃

【任务描述】

通过本任务学习，让学生了解典型外墙装饰材料——建筑玻璃的主要定义、分类、品种、特点、主要性能指标、应用、玻璃幕墙的分类。

常用外墙装饰材料－建筑玻璃

【学习支持】

一、定义

建筑玻璃的主要品种是平板玻璃，它是以石英砂、砂岩或石英岩、石灰石、长石、白云石及纯碱等为主要原料，经粉碎、筛分、配料、高温熔融、成型、退火、冷却、加工等工序制成。

二、特点

建筑玻璃具有表面晶莹光洁、透光、隔声、保温、耐磨、耐气候变化、材质稳定等优点。

三、分类

建筑玻璃主要包括平板玻璃、钢化玻璃、夹层玻璃、夹丝玻璃、热反射玻璃、中空玻璃等。

（一）平板玻璃

1. 定义

未经其他加工的平板状玻璃制品就是平板玻璃，也称白片玻璃或净片玻璃。如图 6-1 所示。

图 6-1　平板玻璃

2. 分类

平板玻璃按生产方法，分为普通平板玻璃和浮法玻璃，如图 6-2 所示。平板玻璃是建筑玻璃中生产量最大、使用最多的一种，主要用于门窗，起采光、围护、保温、隔声等作用，也是进一步加工成其他技术玻璃的原片。

平板玻璃按用途分为窗玻璃和装饰玻璃。根据国家标准《普通平板玻璃》和《浮法玻璃》的规定，平板玻璃按其公称厚度，可以分为 2mm、3mm、4mm、5mm、6mm、8mm、10mm、12mm、15mm、19mm、22mm、25mm 共 12 种规格。按照国家标准，平板玻璃根据其外观质量进行分等定级，普通平板玻璃分为优等品、一等品和二等品三个等级。浮法玻璃分为优等品、一级品和合格品三个等级。

图 6-2　浮法玻璃

3. 应用

平板玻璃的用途有两个方面：3 ~ 5mm 的平板玻璃一般是直接用于门窗的采光，8 ~ 12mm 的平板玻璃可用于隔断；另外的一个重要用途是作为钢化、夹层、镀膜、中空等玻璃的原片。

（二）钢化玻璃

1. 定义

钢化玻璃又称强化玻璃，是用平板玻璃经过物理或化学方法进行钢化加工而成。经过钢化后的玻璃，已经形成稳定的预应力状态（沿玻璃表面方向内部受拉，外表面受压），这种状态能够抵抗较强的外部的拉力、折弯力或冲击力。一旦局部发生破损，便会发生应力释放，整块玻璃会爆破，先形成网状裂纹，如图 6-3 所示，接着整块玻璃会破碎成无数均匀的小块，如图 6-4 所示，这些碎块没有尖锐的棱角，不易伤人。

图 6-3　钢化玻璃爆破后产生的网状裂纹　图 6-4　钢化玻璃破碎后产生的均匀的小碎块

2. 特点

1）机械强度高，是普通玻璃的 3 ~ 5 倍。

2）弹性好，一块 1200mm×350mm×6mm 的钢化玻璃，中间受弯后可发生 100mm 的弯曲变形而不会破坏；而普通玻璃在受弯破坏前的弯曲变形仅有几个毫米。

3）热稳定性高，具有很好的抗热冲击性，最大安全工作温度为 287℃，能承受 204℃的温差剧变。

4）安全性高钢化玻璃破碎后不产生尖锐棱角，对人造成的伤害比普通玻璃要小得多。

3. 应用

钢化玻璃是最常用的安全玻璃，在建筑上主要用于高层建筑的门窗、幕墙、楼梯栏板、架空玻璃地面、玻璃家具、玻璃洁具、整体浴室、玻璃隔断等。

4. 注意事项

（1）钢化玻璃不能进行切割、磨边、钻孔、弯曲等二次加工。如需一定的形状和尺寸，必须先用平板玻璃加工好再进行钢化。

（2）玻璃幕墙上使用的钢化玻璃，其单块厚度不得低于 6mm；如果是采用钢化中空玻璃，其中空层厚度不得小于 9mm。落地式玻璃幕墙，玻璃幕墙工程技术规范里规定，钢化玻璃厚度不得低于 10mm，落地式玻璃幕墙的高度为：采用 10mm 的钢化玻璃不得大于 3m，采用 12mm 的钢化玻璃不得大于 4m，采用 15mm 的钢化玻璃不得大于 5m。

（3）合格的钢化玻璃的某个边角须有 3C 认证标志。

（4）虽然钢化玻璃表面垂直方向的抗冲击强度很高，但沿四个侧边平行于表面方向的强度很低（远不及普通玻璃），所以钢化玻璃使用时避免侧边承受与玻璃板平行方向的挤压，玻璃嵌装时注意玻璃四边要留有足够的间隙，并且与金属框架一定要采用弹性软连接；钢化玻璃搬运时一定要保护好四个侧边，如侧边方向受磕碰或撞击，玻璃很容易破碎。

5. 钢化玻璃的自爆现象

钢化玻璃在使用过程中非人为因素的突然爆炸破碎称为钢化玻璃的自爆。一般认为钢化玻璃的自爆与玻璃中含的硫化镍杂质有关，现代浮法玻璃生产技术不能完全消除硫化镍杂质的存在，所以钢化玻璃自爆不可避免，目前世界上没有任何国家的标准对钢化玻璃自爆加以限制。据有关部门统计我国的钢化玻璃自爆率为 3‰ 左右。

但现实生活中的钢化玻璃自爆有很多与使用不当有关（比如钢化玻璃安装时四边挤压过紧、有孔的钢化玻璃安装时螺钉拧得太紧或边角部位局部经常受磕碰或振动等原因有关）。

（三）夹层玻璃

夹层玻璃又称夹胶玻璃，是将两层或两层以上的原片玻璃（平板玻璃或钢化玻璃等）之间嵌夹中间膜（常用的夹层玻璃中间膜有：PVB、SGP、

EVA、PU 等)，经加热、加压、黏合而成的一种安全玻璃。夹层玻璃比钢化玻璃成本更高，也更安全，即使玻璃被破坏，碎片仍粘在原来的玻璃上，只产生裂纹，不会对人造成伤害，当夹层数够多时，枪弹也不能穿透，称防弹玻璃。

夹层玻璃根据所采用的玻璃原片可分为：普通夹层玻璃、钢化夹层玻璃(图 6-5)、镀膜夹层玻璃等。

夹层玻璃主要用于防范要求高的场所如银行业务窗口、珠宝店的柜台、博物馆展柜、高级宾馆门窗幕墙、机场候机厅、玻璃踏步、玻璃采光顶等处，如图 6-6 所示。

图 6-5　钢化夹层玻璃　　　　　图 6-6　夹层钢化玻璃采光顶

(四) 热反射玻璃

1. 定义

热反射玻璃又称镀膜玻璃，通过化学热分解、真空镀膜等技术，在玻璃表面形成一层热反射镀层(金属或者金属氧化物薄膜)的玻璃。对来自太阳的红外线，其反射率可达 30% ~ 40%，甚至可高达 50% ~ 60%。这种玻璃具有良好的节能和装饰效果。热反射玻璃的颜色有金色、银色、青铜色、茶色、灰色、紫色、褐色和浅蓝等各色，图 6-7 为镀膜玻璃的装饰实例效果。

将安全玻璃进行镀膜加工制成的玻璃大量应用于建筑幕墙，称为幕墙用热反射玻璃。

图 6-7　镀膜玻璃的装饰实例效果

2. 特点

（1）热反射玻璃对太阳光有较高的反射能力，但仍有良好的透光性。

热反射玻璃有较强烈热反射性能，可有效地反射太阳光线，包括大量红外线，因此在日照时，使室内的人感到清凉舒适。可以克服普通平板玻璃窗造成的暖房效应。

（2）单向透视性和镜面效应

热反射玻璃还有单向透视的作用，即人从光线弱的一侧能看到光线强的一侧，白天能在室内看到室外景物，而室外看不到室内的景象，只能看到的室外建筑环境的镜面反射效果，如图 6-8 所示。但晚上如果室内亮灯时，则室内的人看不到室外景物，而能从室外能看到室内。

图 6-8　幕墙用镀膜玻璃的单向透视和镜面效应

（3）良好的防眩光性能

热反射玻璃能反射大量的可见光，使进入室内的光线减弱并且变得柔和，从室内向室外观察时不会有刺眼的感觉。

（4）热反射玻璃具备很好的安全性能，玻璃不易破碎，或破碎后不易伤人。

3. 应用

（1）热反射玻璃用于炎热地区门窗、玻璃幕墙、私密隔离部位。

（2）因为热反射玻璃有单向透视性和良好的防眩光效果，所以热反射玻璃比较适合用于办公楼、写字楼等白天工作的场所，这样室内可以不用挂窗帘。

（3）热反射玻璃单独使用时，镀膜侧应朝向室内，因为镀膜层是金属或金属氧化物，易被酸雨腐蚀脱落。

（4）如果大面积使用热反射玻璃幕墙，则有可能会由于光线的强烈反射效应会形成光污染，甚至会使周围某处局部过度升温。

（5）热反射玻璃可以用作加工中空玻璃的原片玻璃，制成后的中空玻璃称为热反射中空玻璃。热反射中空玻璃安装时镀膜玻璃安装在室外侧，镀膜面朝向室内。

（五）中空玻璃

1. 定义

中空玻璃（图 6-9）是用两片（或三片）玻璃，使用高强度高气密性复合粘结剂，将玻璃片与内含干燥剂的铝合金框架粘接，如图 6-10 所示，两层玻璃之间形成密闭的空气夹层，而制成的高效能隔声隔热玻璃。中空玻璃多种性能优越于普通双层玻璃，得到了世界各国的认可。

用安全玻璃原片制成的中空玻璃称为幕墙用中空玻璃。

2. 特点

中空玻璃的玻璃与玻璃之间，留有一定的空腔。因此，具有出色的保温、隔热、隔声和防结露等性能。如在玻璃之间充以各种漫射光材料或电介质等，则可获得更好的声控、光控、隔热等效果。

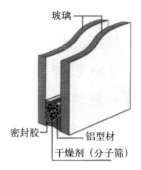

图 6-9　中空玻璃　　　　　　　　图 6-10　中空玻璃结构

3. 用途

幕墙用中空玻璃主要用于需要采暖、空调、防止噪声或结露以及需要无直射阳光和特殊光的建筑的玻璃幕墙或门窗。

隐框幕墙选用中空玻璃时，必须做到中空玻璃第二道密封胶一定要采用硅酮密封胶，并与结构胶相容，即两者必须采用相互相容的密封胶。

（六）玻璃幕墙的分类

按照玻璃幕墙使用的材料和支承方式分类，玻璃一般可幕墙分为：明框玻璃幕墙、隐框玻璃幕墙、半隐框玻璃幕墙、全玻璃幕墙、点式玻璃幕墙、索桁架式玻璃幕墙、网架式玻璃幕墙等。

1. 明框玻璃幕墙

明框玻璃幕墙框架外露，施工方法简单、造价低、安全性好，立面造型丰富，但幕墙外表面不容易清洗。明框玻璃幕墙的实例效果，如图 6-11 所示。

图 6-11　明框玻璃幕墙的实例效果

2. 隐框玻璃幕墙

隐框玻璃幕墙的框架都在玻璃的内侧，如果面玻璃采用镀膜玻璃，则从室外看不到框架。隐框玻璃幕墙造型简洁、美观，不易沾污、清理维护方便，但施工较复杂、造价高，结构安全性不如明框幕墙。隐框玻璃幕墙的实例效果，如图 6-12 所示。

图 6-12　隐框玻璃幕墙的实例效果

3. 半隐框玻璃幕墙

能从室外看到部分框架的玻璃幕墙称为半隐框玻璃幕墙。一般分为三种：

1）横（框）隐竖（框）不隐；

2）竖（框）隐横（框）不隐；

3）框架为隐框做法，但面玻璃为全透明玻璃，视线上不能遮挡框架的玻璃幕墙。实例效果，如图 6-13 所示。

图 6-13　半隐框玻璃幕墙的实例效果

4. 全玻璃幕墙

在建筑首层大堂、顶层和旋转餐厅，为增加玻璃幕墙的通透性，不仅是玻璃面板，包括支撑结构都采用玻璃（为保证水平方向刚度、在玻璃的背后安装肋玻璃支撑），肋玻璃与面玻璃通过结构胶柔性连接。这种形式的幕墙称之为全玻璃幕墙，如图 6-14 所示为全玻璃幕墙的实例效果。

当玻璃高度超过 5m 时，由于自重，采用下端固定安装法，玻璃会发生变形，压应力增加，危险性很大，而且施工中微调整也很困难，所以一般应采用玻璃上端悬挂，下端入槽式固定，玻璃下端距离槽底有一定间隙。

图 6-14　全玻璃幕墙的实例效果

5. 点式玻璃幕墙

点式玻璃幕墙是将玻璃上打孔，通过安装驳接件，将玻璃固定在金属框架上或肋玻璃上的做法。点式玻璃幕墙造型美观，视线通透，但造价高。

点式玻璃幕墙的实例效果，如图 6-15 ～ 图 6-18 所示。

图 6-15　点式玻璃幕墙（钢架式）的实例效果

图 6-16　弧形点式玻璃幕墙（挂架式）的实例效果

图 6-17　点式玻璃幕墙（肋玻璃式）的实例效果

图 6-18　点式玻璃幕墙（肋玻璃式）的局部

6. 索桁架式玻璃幕墙

索桁架式玻璃幕墙利用钢索、拉杆、支撑杆体系将幕墙结构荷载传递到金属框架上的做法，当为尽量扩大视野范围，在少用框架（立柱），保证安全的条件下，人们发明了索桁架玻璃幕墙系统，此系统构造复杂，结构计算难度大，造价高，但现代感极强。

索桁架式玻璃幕墙的实例效果及连接构造，如图 6-19、图 6-20 所示。

图 6-19　索桁架玻璃幕墙的实例效果

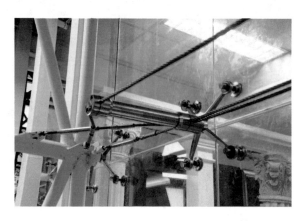

图 6-20　索桁架玻璃幕墙局部连接构造

7. 网架式玻璃幕墙

利用钢管网架作为支撑体系的玻璃幕墙成为网架式玻璃幕墙，此系统构造复杂，结构计算难度大，造价高，但极富有结构美感。

网架式玻璃幕墙的实例效果，如图 6-21 所示。

图 6-21　网架式玻璃幕墙实例效果

任务 3　了解常用外墙装饰材料——天然花岗石

【任务描述】

通过本任务学习，让学生了解常用外墙装饰材料——天然花岗石的主要定义、分类、品种、特点、主要性能指标、应用等。

【学习支持】

用于外墙装饰的天然石材主要是花岗石（图 6-22 为外墙干挂花岗石的实例效果），其次是砂岩（图 6-23 为外墙干挂红砂岩的实例效果）、火山石等。本任务只介绍花岗石的有关内容。

图 6-22　外墙干挂花岗石的实例效果

图 6-23　外墙干挂红砂岩的实例效果

一、特点

（1）质地密实、抗压强度高、吸水率低。

（2）属于硬石材，质地坚硬、耐磨，一般陶瓷和玻璃及刀片无法将其表面划伤。有很强的抗风化性，室内外都可使用，使用年限可达百年以上甚至上千年。

（3）表面特征多为均匀的粗细粒状、斑状、结晶状，抛光后颜色更明显。

二、品种

花岗石的品种常以其颜色及表面特征和产地来命名。有商业使用价值的花岗石有 100 多个品种。常用的有 10 多个品种，如山东白麻、印度白金、丰镇黑（又称蒙古黑）、济南青（纯黑色）、莱州棕黑（黑底棕点）、黑金沙（印度）、五莲红（山东）、印度红、金钻麻（巴西）、有啡钻（芬兰）、英国棕、蓝钻（内蒙古）。

三、规格

天然花岗石板材有毛光板（MG）、普型板（PX）、圆弧板（HM）、异型板（YX）等四类，工程上用得最多是普型板。

天然花岗石板材按表面加工程度分为镜面板（JM）、细面板（YG）、粗面板（CM）三大类。

天然花岗石普型板的加工规格有定型和不定型规格，不定型规格可根据用户要求加工，天然花岗石定型板材见表 6-2。

天然花岗石定型板材常用规格	表 6-2

边长系列（mm）	300、305、400、**500**、**600**、800、900、1000、1200、1500、1800
厚度系列（mm）	10、12、15、18、**20**、25、30、35、40、50

注：加黑的为最常用规格。

四、应用

（1）用于室内外墙面、柱面、地面、窗台板、踢脚等处。

（2）由于天然花岗石具有很好的抗风化性能和耐久性，所以非常适合用于室外墙面、地面及有纪念意义的建筑物或构筑物。

（3）由于天然花岗石的硬度高，耐磨性极好，很适合用于人流量大的地面装饰。

（4）天然花岗石的表面可加工成多种形式，如镜面板、粗磨板、火烧面板、锤纹面板、剁斧面板、蘑菇石、刨槽面板等。

1）镜面板表面平整、色泽光亮如镜、晶粒显露，多用于室内外墙面、柱面、室内地面等装饰；

2）蘑菇石多用于室外建筑基座或外墙，表现古朴、厚重、坚实的设计风格，剁斧板的装饰实例效果，如图 6-24、图 6-25 所示；

图 6-24　用剁斧板装饰的围墙　　图 6-25　用蘑菇石装饰的大门

3）火烧板、锤纹板等表面粗糙、具有规则的条状斧纹、防滑，一般用于室外地面、基座等处；

4）机刨板表面平整、具有平行刨纹，一般用于台阶、踏步等处；

5）粗磨板表面平滑无光，一般用于室外地面、台阶、基座、纪念碑等处。

（5）天然花岗石可能有一定的天然放射性，国家标准《建筑材料放射性核素限量》GB 6566 规定为 A、B、C 三个等级，A 级的放射性最低，使用最安全，没有限制；B 级的不能用于住宅建筑；C 级的只能用于道路、桥梁等构筑物。

五、质量标准

花岗石板材根据规格偏差、平度公差、角度公差、外观质量、物理力学性能、天然放射性等应符合现行的行业标准《天然花岗石建筑板材》GB/T 18601—2009 的规定。

（1）产品等级划分

花岗石普型板材根据尺寸偏差、平度公差、角度公差、外观质量分为优等品、一等品和合格品三个等级，其普型板材的等级指标允许偏差应符合规定。

（2）外观质量

同一批板材的色调应基本调好，花纹应基本一致。

（3）放射性

天然花岗石可能含有一定的放射性气体"氡气"，人吸入过量的氡气能够影响血细胞和神经系统，严重时还会导致肿瘤的发生。天然花岗石的放射性应符合《建筑材料放射性核素限量》GB6566 的规定。A 级的放射性最低，使用没有限制；B 级的不能用于住宅建筑；C 级的只能用于道路、桥梁等构筑物。

任务 4　了解常用外墙装饰材料——陶板

【任务描述】

通过本任务，让学生了解常用外墙装饰材料——陶板的主要定义、分类、品种、特点、应用。

常用外墙装饰
材料 - 陶板

【学习支持】

一、定义

陶板是当今建筑界最新型的幕墙材料，具有环保、节能、防潮、隔声、透气、色泽丰富，持久如新，应用范围广等优点。采用干挂安装，方便更换，给设计运用提供了更灵活的外立面设计解决方案，有利于城市的美化和建筑的生活化，如图 6-26 所示。

图 6-26　陶板

二、分类

按照结构，陶土幕墙产品可分为单层陶板与双层中空式陶板以及陶土百叶；按照表面效果分为自然面、喷砂面、凹槽面、印花面、波纹面及釉面。双层陶板的中空设计不仅减轻了陶板的自重，还提高了陶板的透气、隔声和保温性能。

三、规格

陶板常规厚度为 15 ～ 40mm 不等，常规长度为 300mm、600mm、900mm、1200mm、1500mm、1800mm，常规宽度为 200mm、250mm、300mm、450mm、500mm、550mm、600mm。陶板可以根据不同的安装需要进行任意切割，以满足建筑风格的需要。

四、特点

（1）材料环保

1）由天然陶土配石英砂，经过挤压成型、高温煅烧而成，没有放射性，耐久性好。

2）颜色历久弥新：颜色为天然陶土本色，色泽自然、鲜亮、均匀，不褪色，经久耐用，赋予幕墙持久的生命力。

3）空心结构，自重轻，同时增加热阻，起到保温作用。

（2）颜色、形式多样

外墙砖有 20 种颜色，如深红色、铁锈红色、天然红、粉红、橙红、浅褐色、沙黄色、蓝灰色、珠光灰、铁灰色、火山灰色、瓦灰色等。这些都是陶土的天然本体色（没有任何油漆和釉涂料），因此砖瓦可以随意地根据需要来切割而不影响外观效果。

还有多种可选的表面形式：如自然面的，施釉的，拉毛的，凹槽的，印花的，喷砂的，波纹的，渐变的等。

（3）易洁功能显著

由于陶板的物理化学性能的稳定性，及其表面的一些特殊处理。具有耐酸碱，抗静电的作用，所以不会吸附灰尘；另外更具等压雨幕原理，没有分解掉的脏东西会随着雨水冲刷而恢复干净，永保温润原始色泽。

（4）性能卓越

1）陶板幕墙技术性能稳定，抗冲击能力强，满足幕墙的风荷载设计要求。

2）陶板幕墙耐高温，抗霜冻能力强。

3）陶板幕墙阻燃性好，安全防火。

4）陶板绿色环保，可循环再生的一种新型建筑材料。

5）陶板自重轻，永不褪色，历久弥新。

（5）结构合理

1）干挂系统的组合安装设计，在局部破损的情况下陶板可单片更换，维护方便。

2）陶板中空的结构使之降噪效应好，自重轻。

3）陶板的高强度能够满足不同尺寸的随意切割要求。

（6）兼容性好

1）陶板幕墙具有温和的外观特质，容易与玻璃、金属搭配使用。

2）陶板幕墙可以减少光污染，增加墙面的抗震性。

3）陶板幕墙色泽温润柔和，可增加建筑本身的人文气息。

（7）安装方便

陶板幕墙设计结构合理、简洁，能最大地满足幕墙收边、收口的局部设计需要，安装简易方便，无论是平面、转角或其他部位，都能保持幕墙立面连贯、自然、美观（图6-27）。

（8）配套成本低

由于陶板重量轻，因此陶板幕墙支撑结构要求比石材幕墙更为简易、轻巧，节约幕墙配套成本。

图6-27　陶板装饰效果图

任务5　了解常用外墙装饰材料——涂料类

【任务描述】

通过本任务学习，让学生了解常用外墙装饰材料——涂料类的主要定义、分类、品种、特点、应用、安装方法、感知装饰效果。

【学习支持】

一、定义

外墙涂料，是用于涂刷建筑外立墙面的，所以最重要的一项指标就是抗紫外线照射，要求达到长时间照射不变色。部分外墙涂料还要求有抗水性能，要求有自涤性。漆膜要硬而平整，脏污一冲就掉。外墙涂料能用于内墙涂刷使用是因为它也具有抗水性能；而内墙涂料却不具备抗晒功能，所以不能把内墙涂料当外墙涂料用（图6-28～图6-30）。

二、分类

外墙涂料按照装饰质感分为四类：

图 6-28　涂料类外墙效果

图 6-29　涂料类外墙效果

图 6-30　涂料类外墙效果

　　（1）薄质外墙涂料：质感细腻、用料较省，也可用于内墙装饰，包括平面涂料、砂壁状、云母状涂料。

　　（2）复层花纹涂料：花纹呈凹凸状，富有立体感。

　　（3）彩砂涂料：用染色石英砂、瓷粒云母粉为主要原料，色彩新颖，晶莹绚丽。

（4）厚质涂料：可喷、可涂、可滚、可拉毛，也能作出不同质感花纹。

三、特点

外墙装饰直接暴露在大自然，经受风、雨、日晒的侵袭，故要求涂料有耐水、保色、耐污染、耐老化以及良好的附着力，同时还具有抗冻融性好、成膜温度低的特点。

（1）装饰性好：要求外墙涂料色彩丰富且保色性优良，能较长时间保持原有的装饰性能。

（2）耐候性好：外墙涂料，因涂层暴露于大气中，要经受风吹、日晒、盐雾腐蚀、雨淋、冷热变化等作用，在这些外界自然环境的长期反复作用下，涂层易发生开裂、粉化、剥落、变色等现象，使涂层失去原有的装饰保护功能。因此，要求外墙在规定的使用年限内，涂层应不发生上述破坏现象。

（3）耐沾污性好：由于大气中灰尘及其他悬浮物质较多，会使易沾污涂层失去原有的装饰效果，从而影响建筑物外貌。因此，外墙涂料应具有较好的耐沾污性，使涂层不易被污染或污染后容易清洗掉。

（4）耐水性好：外墙涂料饰面暴露在大气中，会经常受到雨水的冲刷。因此，外墙涂料涂层应具有较好的耐水性。

（5）耐霉变性好：外墙涂料饰面在潮湿环境中易长霉。因此，要求涂膜抑制霉菌和藻类繁殖生长。

（6）弹性要求高：裸露在外的涂料，受气候、地质等因素影响严重，弹性外墙乳胶漆是一种专为外墙设计的涂料，能更好长久地保持墙面平整光滑。

【思考题与习题】

一、选择题。

1. 钢化玻璃不能进行（　　）弯曲等二次加工。

A. 切割　　　　　B. 磨边　　　　　C. 钻孔　　　　　D. 设计

2. 常用的夹层玻璃中间膜有（　　）、PU 等。

A. PVB　　　　　B. PUB　　　　　C. SGP　　　　　D. EVA

3. 安全玻璃主要包括（　　）等。

思考题与习题
答案

A. 普通玻璃　　　　B. 钢化玻璃　　　　C. 夹层玻璃　　　　D. 夹丝玻璃

4. 天然花岗石板材按表面加工程度分为（　　　）三大类。

A. 镜面板（JM）　B. 细面板（YG）　C. 粗面板（CM）　D. 光面板（GB）

5. 天然花岗石可能有一定的天然放射性，国家标准 GB6566 规定为 A、B、C 三个等级，正确的是（　　　）。

A. A 级的放射性最低，使用最安全，没有限制

B. B 级的不能用于住宅建筑

C. C 级的只能用于道路、桥梁等构筑物

D. B 级的可以用于住宅建筑

6. 按照结构，陶土幕墙产品可分（　　　）。

A. 喷砂面　　　　B. 单层陶板　　　　C. 双层中空式陶板　　　　D. 陶土百叶

7. 下列不属于陶土幕墙产品按照表面效果分的是（　　　）。

A. 喷砂面　　　　B. 凹槽面　　　　C. 自然面　　　　D. 陶土百叶

二、填空题。

1. 天然花岗石可能含有一定的放射性气体＿＿＿＿＿，人吸入过量的氡气能够影响血细胞和神经系统，严重时还会导致肿瘤的发生。

2. 天然花岗石板材有毛光板（MG）、＿＿＿＿＿＿＿（PX）、圆弧板（HM）、＿＿＿＿＿＿＿（YX）等四类，工程上用得最多是普型板。

3. 钢化玻璃不能进行＿＿＿＿＿＿＿、磨边、＿＿＿＿＿＿＿、弯曲等二次加工。

4. 花岗石普型板材根据＿＿＿＿＿＿＿、平度公差、角度公差、＿＿＿＿＿＿＿分为优等品、一等品和合格品三个等级。

5. 双层陶板的＿＿＿＿＿＿＿设计不仅减轻了陶板的自重，还提高了陶板的透气、＿＿＿＿＿＿＿和保温性能。

三. 简单题。

1. 天然花岗石特点主要有哪些？

2. 安全玻璃具备以下特点:

3. 陶板的特点主要有哪些?

4. 外墙装饰涂料特点主要有哪些?

单元 7
常用吊顶装饰材料

【单元概述】

吊顶是指房屋居住环境的顶部装修。具有保温、隔热、隔声、吸声的作用，也是电气、通风空调、通信和防火、报警管线设备等工程的隐蔽层。

任务1 考察常用吊顶装饰材料

【任务描述】

学生利用课余时间去材料市场进行调查，收集常用吊顶材料样品或进行拍照，填写吊顶材料市场调查表（表7-1）。通过实地考察或网络查询，了解常用吊顶材料的品种、品牌、规格、市场价位等。

【任务实施】

分组：班级学生按照4～5人为一组，每组选一名组长，带领本组人员进行市场调查、收集样品或拍照，并将收集到的样品或网络查询的图片资料在课堂进行展示。

吊顶装饰材料市场调查表　　　　　　　　表 7-1

序号	类别	品种或系列	品牌或产地	规格（mm）	应用情况	产品主要特点	市场价
1	石膏板	纸面石膏板	龙牌	1220×2440	用于办公楼、影剧院、饭店、宾馆、候车室、候机楼、住宅等。不宜用于厨房、卫生间、厕所等潮湿环境中	普通纸面石膏板具有可锯、可钉、可刨等良好的可加工性。易于安装，施工速度快、工效高、劳动强度小	15～35m²
2	石膏板	硅酸钙板	KNAUF可耐福	1220×2440	商务大厦、娱乐场所、商场、酒店工业建筑；工厂、仓库住宅建筑	具有防火、阻燃，防水，防潮，隔声，防虫蛀，耐久性较好的特点。通常硅酸钙板更宜用于南方潮湿的室内空间中采用	15～35m²
3	集成吊顶	石膏板吊顶	龙牌	300×300 600×600	家装的厨房、卫生间、阳台以及工装的办公、会所、KTV、商业装修等领域	外观：吊顶、取暖、换气、照明一体化，平面化。自主选择自由搭配：根据厨房、卫生间等空间的尺寸、材料的颜色，自己的喜好选择需要的吊顶面板。取暖组件、换气组件、照明组件都有多重选择，自由搭配	25～50m²
4	蜂窝板吊顶	蜂窝铝板					
5	蜂窝板吊顶	蜂窝不锈钢板					
6	软膜吊顶	拉膜顶棚					
7							
8							

任务2 了解常用吊顶装饰材料——整体面层吊顶材料

【任务描述】

通过本任务学习，让学生了解常用吊顶—整体面层吊顶材料的主要定义、分类、规格、特点、安装方法以及应用。

【学习支持】

一、整体面层吊顶，是指板块面层装饰完成面看不到板块的就是整体面层，一般需要二次饰面。目前在设计上比较常用有纸面石膏板、硅酸钙板、埃特板等。

本任务重点介绍纸面石膏板的主要定义、分类、规格、特点、安装方法以及应用。

二、纸面石膏板

（一）定义

是以建筑石膏为主要原料，掺入纤维、外加剂（发泡剂、缓凝剂等）和适量轻质填料，加水拌合成料浆，浇筑在进行中的纸面上，成型后再覆以上层面纸。料浆经过凝固形成芯板，经切断、烘干，使芯板与护面纸牢固地结合在一起。

（二）分类

市面上品种很多，常见有以下四类：

1.普通纸面石膏板

是以建筑石膏为主要原料，一般没有经过特殊的防火、防水处理的纸面石膏板，外观感多为象牙灰色纸面（图7-1）。

整体面层吊顶材料－纸面石膏板

图7-1 普通纸面石膏板

2. 耐水纸面石膏

其板芯和护面纸均经过了防水处理，纸面和板芯都必须达到一定的防水要求（表面吸水量不大于 160g，吸水率不超过 10%），外观感多为绿色纸面（图 7-2）。

图 7-2 耐水纸面石膏

3. 耐火纸面石膏板

是由纯度不低于 80% 的高品质石膏加上特殊的防火、阻燃添加剂与经防火处理纸浆制造出的优良纸面制成。为 A 级内装修材料使用，外观感多为粉红色纸面（图 7-3）。

图 7-3 耐火纸面石膏板

4. 防潮纸面石膏板

是由纯度不低于 80% 的高品质石膏加上硅酮添加剂，与高质量的防潮纸面经特殊工艺制成，外观感多为绿色纸面。

（三）规格（表 7-2）

纸面石膏板的规格 表 7-2

名称	边形	长（mm）	宽（mm）	厚（mm）
普通纸面石膏板	楔形边 直角边 45° 倒角边	1800 2400 2700 3000 3600	900 1200	9.5 12 15

续表

名称	边形	长（mm）	宽（mm）	厚（mm）
耐水、防潮纸面石膏板	楔形边 直角边 45°倒角边	1800 2400 2700 3000	1200	9.5 12 15
耐火纸面石膏板	楔形边 直角边 45°倒角边	1800 2400 2700 3000 3600	900 1200	9.6 12 15

（四）特点

（1）普通纸面石膏板具有可锯、可钉、可刨等良好的可加工性。易于安装，施工速度快、工效高、劳动强度小。

（2）耐水、防潮纸面石膏板具有较高的耐水性，其他性能与普通纸面石膏板相同。

（3）耐火纸面石膏板属于难燃性建筑材料（B1级），具有较高的遇火稳定性。

（4）通常普通纸面石膏板更宜用于北方干燥的室内空间中采用。

（五）安装方法

常见吊顶用轻钢龙骨有U形龙骨和V形龙骨两类。

1. U形轻钢龙骨纸面石膏板吊顶

U形轻钢龙骨主要由主龙骨、次龙骨、主龙骨吊挂件、次龙骨吊挂件、连接件、水平支托件、吊杆等组成（图7-4）。按主龙骨断面尺寸分为上人吊顶龙骨和不上人吊顶龙骨。

U形轻钢龙骨纸面石膏板吊顶构造要点：

（1）弹线定位：按具体设计规定的顶棚标高，在墙面四周弹标高基准线，高度必须测量准确，不得有误差。根据吊顶面的几何形状及尺寸大小，按上人或不上人的设计要求，确定主龙骨的布局方向，计算出承吊点数，同时在楼板结构层上弹线，确定吊杆及主龙骨位置。上人顶棚吊杆间距通常为800～1000mm；不上人顶棚吊杆间距通常为900～1200mm（图7-5）。

　　墙面与次龙骨的最大距离不超过 200mm，同时按设计要求留出检查口、冷暖风口、排风口、灯孔，必要时须增加横撑龙骨及吊杆。用吊挂件把次龙骨扣牢于主龙骨之上，不得有松动及歪曲不直之处。

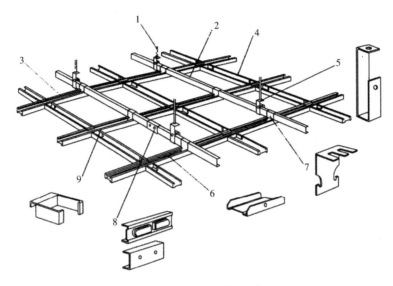

图 7-4　U 形轻钢龙骨装配示意

1- 吊杆；2- 主龙骨；3- 次龙骨；4- 横撑龙骨；5- 吊挂件；6- 次龙骨连接件；7- 挂件；8- 主龙骨连接件；9- 龙骨支托（挂插件）

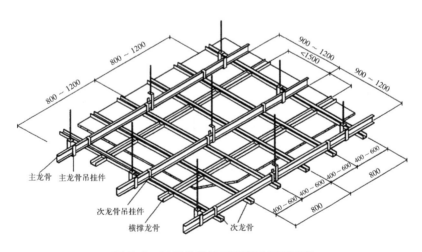

图 7-5　轻钢龙骨纸面石膏板吊顶示意

　　（2）全面检查校正：龙骨架安装完毕后，检查主龙骨、次龙骨、吊挂件、连接件等之间的牢固度，特别应对上人龙骨进行多部位加载检查。校正主龙骨、次龙骨的位置和水平度，保证龙骨架达到设计所需的要求。龙骨架按

3/1000 的拱度进行调平。

（3）安装纸面石膏板：纸面石膏板的长边与主龙骨平行，与次龙骨垂直交叉，从吊顶的一端错缝安装，逐块排列，板与板之间应留 3～5mm 的缝。纸面石膏板用自攻螺钉固定在次龙骨上，螺钉中距 150～200mm，钉头略沉入板面，螺钉应作防锈处理，并用腻子膏抹平（图 7-6、图 7-7）。

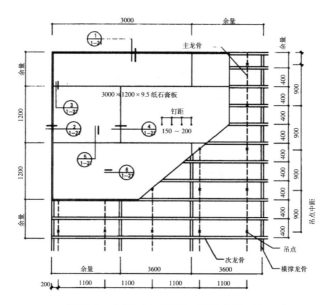

图 7-6　轻钢龙骨纸面石膏板安装示意

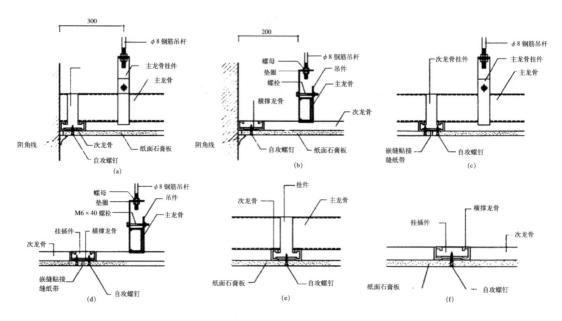

图 7-7　纸面石膏板安装节点示意

（4）嵌缝刮腻子膏：用刮刀将嵌缝腻子膏均匀饱满地刮入板缝内，待腻子膏充分干燥后再用接缝纸带粘贴密封牢固。然后满刮腻子灰 3 ～ 4 遍，最后打磨平整喷（涂）面漆或者裱糊墙纸。

（5）安装顶棚线：最后在顶棚与墙面的交界处安装顶棚阴角线。阴角线以木质线、石膏线等最为常见。

2. V 形轻钢龙骨纸面石膏板吊顶

V 形龙骨又叫 V 形卡式龙骨吊顶，是当今建筑内部顶棚装修工程较普遍采用的一种吊顶形式。它主要由主龙骨、次龙骨、吊杆等组成（图 7-8）。V 形龙骨构造工艺简单，安装便捷。主龙骨与主龙骨、次龙骨与次龙骨、主龙骨与次龙骨均采用自接式连接方式，无需任何多余附接件。此外 V 形卡式龙骨吊顶的最大优点是在装配龙骨架的同时就可进行校平并安装纸面石膏板。因而节省施工时间，提高了工作效率（图 7-9）。

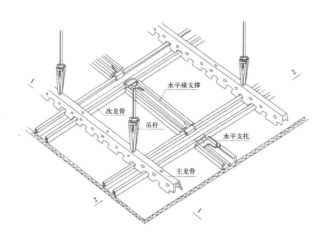

图 7-8　V 形轻钢龙骨安装示意图

图 7-9　V 形卡式龙骨吊顶

V 形轻钢龙骨纸面石膏板吊顶构造要点：

（1）弹线定位、固定吊杆和 U 形轻钢龙骨纸面石膏板吊顶构造方法相同。

（2）安装主龙骨：把主龙骨直接套入吊杆下端，拧紧螺帽，按 3/1000 的拱度进行调平。主龙骨和主龙骨端部接口处与吊杆的距离不大于 200mm，否则应增设吊杆（图 7-10）。主龙骨的安装间距一般为 900 ~ 1200mm，起止端部离承吊点最大距离不大于 300mm（图 7-11）。

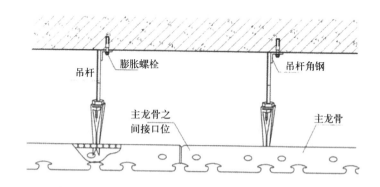

图 7-10　V 形主龙骨的连接方法

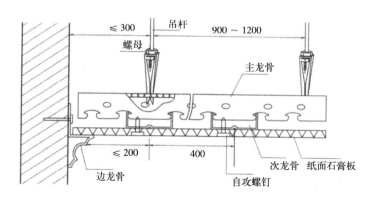

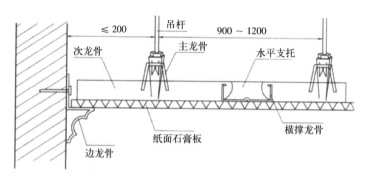

图 7-11　V 形轻钢龙骨安装节点示意图

（3）安装次龙骨：根据墙面的标高基准线沿四周墙面安装边龙骨，然后将次龙骨直接卡入主龙骨的卡口内。次龙骨的安装间距一般为 400 ~ 600mm，与墙面的最大距离不超过 200mm（图 7-11），同时按设计要求留出检查口、冷暖风口、排风口、灯孔，必要时须增加横撑龙骨及吊杆。

（4）全面检查校正、安装纸面石膏板、嵌缝刮腻子灰和 U 形轻钢龙骨纸面石膏板吊顶构造方法同理。

（六）应用（图 7-12）

（1）普通纸面石膏板：适用于办公楼、影剧院、饭店、宾馆、候车室、候机楼、住宅等。仅适用于干燥环境中，不宜用于厨房、卫生间、厕所等潮湿环境中。

（2）耐水、防潮纸面石膏板：适用于厨房、卫生间、厕所等潮湿场合的装饰。

（3）耐火纸面石膏板：适用于防火等级要求高的建筑，如影剧院、体育馆、幼儿园、展览馆、博物馆等。

图 7-12　实景案例图

三、硅酸钙板

（一）定义

硅酸钙板（图 7-13）是以无机矿物纤维或纤维素纤维等松散短纤维为增强材料，以硅质 - 钙质材料为主体胶结材料，经制浆、成型、在高温高压饱和蒸汽中加速固化反应，形成硅酸钙胶凝体而制成的板材。

整体面层吊顶材料 - 硅酸钙板

图 7-13　硅酸钙板

（二）分类

硅酸钙板分保温用硅酸钙板和装修用硅酸钙板。保温用硅酸钙板叫做微孔硅酸钙（图 7-14），是一种白色、硬质的新型保温材料，具有容重轻、强度高、导热系数小、耐高温、耐腐蚀、能切、能锯等特点。厚度通常是在 30mm 以上，密度在 $200 \sim 1000kg/m^3$。装修用硅酸钙板（图 7-15），硅酸钙板由美国 OCFG 公司发明，是一种以性能全面著称于世的新型建筑板材，厚度在 4 ~ 20mm，长宽以 1220mm×2440mm 为主。同时有以大规格硅酸钙板加工成的装饰用硅酸钙顶棚，以防火、抗下陷等优势，被广泛地用于吊顶。

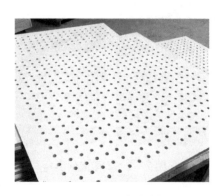

图 7-14　微孔硅酸钙

（三）规格

规格（长 × 宽）为 600mm×600mm、600mm×1200mm、1220mm×2440mm。厚度为 6mm、8mm、10mm、12mm、30mm。

（四）特点

硅酸钙板具有优良性能的新型建筑和工业用板材，具有防火、阻燃、防水、防潮、隔声、防虫蛀、耐久性较好的特点，是吊顶、隔断的理想装饰板材。通常硅酸钙板更宜用于南方潮湿的室内空间中。

（五）安装方法

（1）弹线确定金属吊杆中心距，一般为 120mm。

（2）将边龙骨用自攻螺栓水平四周和墙上。

（3）用金属吊杆将 T 形主龙骨口定，T 形主龙骨中心距 600mm 或 610mm。

（4）将 T 形次龙骨插入主龙骨固定，每隔 600mm 或 610mm 插一根。

（5）将硅酸钙板搁置 T 形龙骨骨架上。

注意：

硅酸钙板根据不同的施工要求（当吊顶面积较大），应在 T 形主龙骨上加高 uc38 轻钢龙骨）用挂件将吊杆与 uc38 轻钢龙骨相连。如要求使用易和穿孔板时，为了加强系统的保温隔热及吸声性加辅一层吸声岩棉，应直接搁置在 uc38 龙骨上（图 7-15）。

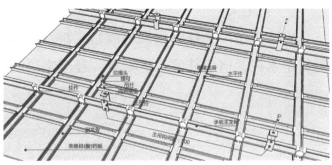

图 7-15　硅酸钙板安装节点示意

（六）应用

商用建筑：商务大厦、娱乐场所、商场、酒店工业建筑；工厂、仓库住宅建筑；新型住宅、装修翻新公共场所；医院、剧院、车站（图 7-16）。

图 7-16 实景案例

四、埃特板

（一）定义

埃特板是一种纤维增强硅酸盐平板（纤维水泥板）（图 7-17），其主要原材料是水泥、植物纤维和矿物质，经流浆法高温蒸压而成。

整体面层吊顶
材料－埃特板

图 7-17 埃特板

（二）规格

埃特板规格有：板材尺寸 2440mm×1220mm，厚度 6 ~ 25mm。

（三）安装方法

（1）弹线、把标高线弹到墙及柱的四周上。

（2）吊杆固定采用膨胀螺栓焊接 $\phi 8$ 圆钢。

（3）吊杆与龙骨连接采用吊顶龙骨配套挂件。

（4）龙骨安装，按照预先弹好的位置线从一端依次安装到另一端。在高低跨部位，先安高跨部位，然后再安低跨部位。吊顶间距控制在 1.2m 以内，次龙骨安装间距根据埃特板的规格进行调配，一般不大于 600mm。

（5）龙骨调平：安装主龙骨时，随时检查主龙骨的标高是否在同一平面上，主龙骨调平后再安装次龙骨。

（6）对于检修孔、通风部位，在安装龙骨的同时，将其尺寸位置留出，将封边的横撑龙骨安装完毕。

（7）埃特板固定：埃特板安装前应符合下列规定：第一，所有龙骨已调整完毕。第二，垂型灯具、电扇等设备的吊杆布置完毕。第三，吊顶内的通风、水、电管道安装并调试完毕。板应在无应力状态下进行固定，防止出现弯曲凸棱现象，埃特板的长板应沿纵向次龙骨铺设，自攻螺钉以 150 ~ 170mm 为宜，螺钉应与板面垂直，螺钉头的表面略埋入板面并不使板面破坏为宜，钉眼作防锈处理，然后用石膏腻子抹平，石膏板安装时应留5mm 左右间隙，然后用腻子嵌入板缝，并填平贴玻璃纤维带。

埃特板安装节点示意及完成实景图如图 7-18、图 7-19 所示。

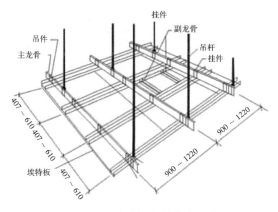

图 7-18　埃特板安装节点示意

图 7-19　埃特板安装完成实景图

（四）特点

一种强度很硬、经久耐用的优越性能纤维硅酸盐板材，它具有很多厚度及密度的板材，非常环保，它不含石棉及其他有害物质，能起到很好的防火作用。用于建筑物外面能具有防潮、防水、隔声的效果，安装简便快捷、使用寿命长等优点。

（五）应用（图 7-20）

常用作外墙板材、卫生间隔墙、室外屋面屋顶、外墙保温板、室内装饰、顶棚等。

图 7-20　实景案例图

任务 3 了解常用吊顶装饰材料——集成吊顶材料

集成吊顶的分
类和规格

【任务描述】

通过本任务学习，让学生了解常用吊顶—集成吊顶材料的主要定义、分类、规格、特点、安装方法以及应用。

【学习支持】

（一）定义

集成吊顶又叫整体吊顶、整体天花顶，就是将吊顶模块与电器模块，均制作成标准规格的可组合式模块，安装时集成在一起。

（二）分类

（1）按外观形式分类：平面式、立体式（凹凸式）吊顶等。

（2）按面层施工方法分类：金龙骨吊顶等。

（3）按龙骨所用材料分类：木龙骨吊顶、轻钢龙骨吊顶、混合的龙骨吊顶。

（4）按饰面层和龙骨的关系分类：活动装配式顶棚、固定式顶棚。

（5）按吊顶面层的状态分类：开敞式顶棚、封闭式顶棚或明龙骨吊顶、暗龙骨吊顶等。

（6）按吊顶面层材料分类：石膏板吊顶（图 7-21）、矿棉板吊顶（图 7-22）、铝扣板吊顶（图 7-23）、金属扣板吊顶等。

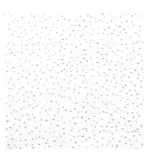

图 7-21　石膏板吊顶　　　图 7-22　矿棉板吊顶　　　图 7-23　铝扣板吊顶

（三）规格

长宽尺寸为：300mm×300mm、300mm×600mm、300mm×450mm、

600mm×600mm、800mm×800mm、300mm×1200mm、600mm×1200mm 等。

厚度为：厚度一般没有规定，一般家装行业标准室内 0.6～0.7mm。

购买集成吊顶的时候，都会考虑电器的尺寸，这是集成吊顶的基础内容。

（四）特点

（1）外观：吊顶、取暖、换气、照明一体化，平面化。

（2）自主选择自由搭配：根据厨房、卫生间等空间的尺寸、材料的颜色，自己的喜好选择需要的吊顶面板。取暖组件、换气组件、照明组件都有多重选择，自由搭配。

（3）安装：吊顶、取暖、换气、照明一次完成安装。省时、省心。

（4）实用：吊顶、取暖、换气、照明模块化。

（5）安全性：强弱电分离，各电器部件布线独立确保运转正常。

（6）价格：实惠，性价比更高。

（7）服务：一次性轻松完成吊顶、取暖、换气、照明的整个要求。

（8）使用寿命：优质铝材加工而成寿命可达 50 年，十年不变色，不变形。

（五）安装方法（图 7-24）

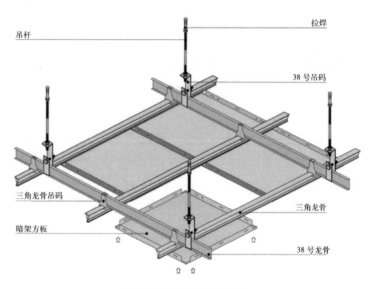

图 7-24　安装示意图

（1）将按设计图纸要求测量方板顶棚安装后的标高，确定出顶棚水平线，在墙体周边水平线位置固定收边角。

（2）确定施工方向，按不大于 1200mm 距离在建筑结构顶棚上打好吊装孔，用膨胀螺栓固定吊杆。

（3）固定轻钢龙骨吊件、轻钢龙骨，将轻钢龙骨调至水平同时调整好轻钢龙骨的标高，每条龙骨相互平行。

（4）将三角龙骨挂件固定在轻钢龙骨上，卡入三角龙骨，固定吊件。三角龙骨必须要彼此平行且垂直于轻钢龙骨。

（5）安装方形扣板：将板冲了龙骨扣位的两边对准三角龙骨缝槽，轻轻用力，向上拍击方板边沿使龙骨卡住方板折边扣位即可。

（6）收边处应根据现场情况量取尺寸，将顶棚搭在收边角上。

（7）安装过程应保持手清洁，不能有汗水、油污等不洁现象。

（六）应用

集成吊顶一般用于家装的厨房、卫生间、阳台以及工装的办公、会所、KTV、商业装修等领域（图 7-25、图 7-26）。

图 7-25　实景案例图（厨房）

图 7-26　实景案例图（办公会议室）

任务4　了解常用吊顶装饰材料——格栅式吊顶材料

【任务描述】

通过本任务学习，让学生了解常用吊顶—格栅式吊顶材料的主要定义、分类、规格、特点、安装方法以及应用。

【学习支持】

（一）定义

格栅式吊顶材料是由一组平行的各种材料栅条制成的，格栅是一组（或多组）相平行的各种栅条与框架组成。由它们组成吊在顶棚上，就叫格栅式吊顶。

（二）分类

格栅吊顶的类型可分为：整体式吊顶、活动式吊顶、隐蔽式吊顶、金属装饰板吊顶、开敞式吊顶（俗称：格栅式吊顶）。

（三）规格

常规格栅（仰视见光面）标准宽度为（单位：mm）：10或15，高度为：40、60、80、100等。

格栅格子尺寸为（单位：mm）：50×50，75×75，100×100，125×125，150×150，200×200等。

片状格栅常规格子尺寸为（单位：mm）：10×10、15×15、25×25、30×30、40×40、50×50、60×60等。

铝方通的常用规格尺寸为（单位：mm）：30×80，40×60，50×100，30×50，50×80，20×90。底宽为（单位：mm）：20～400，高度为（单位：mm）：20～600，厚度为（单位：mm）：0.4～3.5。

（四）特点

（1）开透式空间。

（2）优质铝合金板。

（3）有利于通风设施和消防喷淋的布置和安排而不影响整体视觉效果。

（4）可与明架系统配合。

（5）色泽均匀一致，户内使用，质保 10 年不变颜色。

（6）连接牢固，每件可重复多次装拆。

（7）易于各种灯具和装置相配。

（8）方便设备维修。

（五）安装方法（图 7-27）

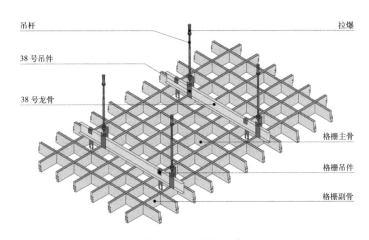

图 7-27　安装示意

（1）在吊顶施工前，吊顶以上部分的电气布线、空调管道、消防管道、给水排水管道必须安装就位，并基本调试完毕。从吊顶经墙体接下的各种开关，插座线路也须安装就绪。

（2）吊顶前进行标高线、吊挂布局线和分片布置线的测量放线工作。

（3）进行构件组装。铝格栅分片构件的组拼，通常采用插接、挂接和榫接组拼的方法。

（4）吊装固定方法。在地面分片组装后人工用绳索吊起，然后把单体格栅构件固定在龙骨上。

（5）扣板时要戴手套，如不慎在板面上留下污印要用清水洗干净，安装时禁止撕下保护膜。

（六）应用

格栅式吊顶材料广泛应用于大型商场、餐厅、酒吧、候车室、机场、地铁等场站，大方美观、历久如新。是常用吊顶材料之一（图 7-28）。

图 7-28　实景案例图

任务 5　了解常用吊顶装饰材料——蜂窝板吊顶材料

【任务描述】

通过本任务学习，让学生了解常用吊顶—蜂窝板吊顶的主要定义、分类、规格、特点、安装方法以及应用。

【学习支持】

一、蜂窝板定义

蜂窝板是由两块较薄的面板，牢固地粘结在一层较厚的蜂窝状芯材两面而制成的板材，亦称蜂窝夹层结构（图 7-29）。此外，面板除采用铝合金外，可根据需求选择其他材质，如：铜、锌、不锈钢、纯钛、防火板、中纤板、大理石、铝板等。本节重点介绍目前设计上比较常用面板为蜂窝铝板及蜂窝复合薄板石材。

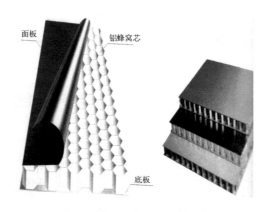

图 7-29　蜂窝板结构示意

二、蜂窝芯材

（一）定义

蜂窝芯材，简称蜂窝芯。夹于蜂窝夹层结构两块面板中间的蜂窝状芯材。一种低密度蜂窝状材料。蜂窝孔有多种不同形状，如六边形、矩形、增强形等。

（二）分类

蜂窝芯材有金属蜂窝芯材和非金属蜂窝芯材两大类。金属蜂窝芯材主要是铝合金蜂窝芯材（图 7-30）。非金属蜂窝芯材有纸蜂窝芯材（图 7-31）、玻璃布蜂窝芯材等。

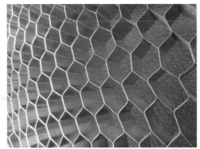

图 7-30　金属蜂窝芯材

图 7-31　非金属蜂窝芯材

（三）特点

（1）蜂窝芯密度很小，而且面板厚度较薄，所以蜂窝夹层结构整体质量轻。

（2）蜂窝壁板结构具有很高的抗压强度、抗压缩变形能力大。

（3）其剪切强度大，稳定性能好。通过增加蜂窝芯高度与面板厚度比值来达到提高其刚度的目的。

（4）具有良好的隔声、隔热性能。

（四）应用

蜂窝芯应用各个领域行业，如建筑业、航空航天领域、交通运输行业等，不同领域行业的蜂窝芯用途也不一样。

三、蜂窝金属材料

（一）定义

蜂窝铝板、不锈钢板（图 7-32）采用"蜂窝式夹层"结构，即以表面涂覆耐候性极佳的装饰涂层之高强度合金铝板作为面、底板与铝蜂窝芯经高温高压复合制造而成的复合板材（图 7-33）。

图 7-32　蜂窝铝板

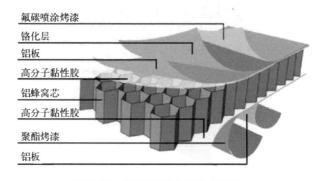

氟碳喷涂烤漆

铬化层

铝板

高分子黏性胶

铝蜂窝芯

高分子黏性胶

聚酯烤漆

铝板

图 7-33　铝蜂窝复合板结构示意

（二）规格

（1）蜂窝铝板常用规格为：1500mm × 5000mm 以内。

（2）蜂窝铝板定制规格为：2000mm × 6000mm，根据不同需求来定制规格。

（3）蜂窝铝板分为面板、底板和蜂窝芯三部分。铝蜂窝板面板厚度为：

0.8 ～ 3.0mm 之间，蜂窝铝板底板厚度为：0.8 ～ 3.0mm 之间，蜂窝铝板厚度为：10 ～ 100mm。

注：尺寸一般不超过 1500mm×5000mm。特殊要求可定制 2000mm×6000mm 的大板面蜂窝铝板。

（三）特点

（1）板材平整度高；

（2）安装方便快捷；

（3）板材重量轻、强度高；

（4）可实现大块面的板材；

（5）蜂窝状芯材有助于空间的保温效果；

（6）丰富的颜色和表面处理可供选择；

（7）出色的定制化加工能力，满足客户的个性化需求；

（8）高质量材质和先进加工工艺，确保产品经久耐用。

（四）安装方法

安装示意如图 7-34 所示。

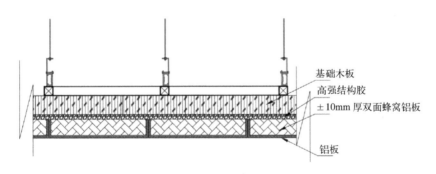

图 7-34 安装示意

（五）应用

蜂窝铝板广泛应用于顶棚吊顶、高层建筑、办公大楼、车站、高铁站、室内装饰等。

四、蜂窝复合石材吊顶

（一）定义

由两种以上不同板材（至少一种是石材）用胶粘剂粘结而成的新型装饰

材料（图 7-35）。

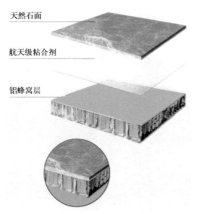

天然石面

航天级粘合剂

铝蜂窝层

图 7-35　蜂窝复合薄板石材结构示意

（二）规格

标准尺寸为：1220mm × 2440mm（可根据需求进行定制）。

石材厚度为：3 ~ 5mm。

（三）特点

石材铝蜂窝板具有重量轻、辐射污染小、节省石材材料、板面尺寸大、安装便捷、牢固以及拥有隔声、防潮、隔热、防寒的性能，可以根据特定的形状进行定制。

（四）安装方法

安装示意图见图 7-36 所示。

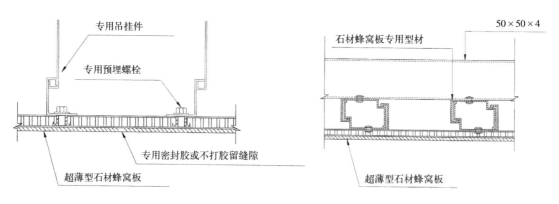

专用吊挂件

专用预埋螺栓

专用密封胶或不打胶留缝隙

超薄型石材蜂窝板

石材蜂窝板专用型材

50 × 50 × 4

超薄型石材蜂窝板

图 7-36　安装示意图

（五）应用

广泛应用于大型、高层的建筑，如机场、展览馆、五星级酒店等。同时也可做成台面板、餐桌与厨柜等，而且还可以作成弧形和圆柱复合板（图 7-37）。

图 7-37　实景案例图

任务 6　了解常用吊顶装饰材料——软膜吊顶

【任务描述】

通过本任务学习，让学生了解常用吊顶——软膜顶棚吊顶的主要定义、分类、规格、特点、安装方法以及应用。

【学习支持】

软膜吊顶

（一）定义

软膜吊顶，是使用软膜顶棚作为材料的吊顶，是一种质地柔软，具有弹性的一种薄膜，也俗称拉膜顶棚。

（二）分类

常见的软膜材料，主要有这 5 大类型：

（1）透光膜：最常见的照明型透光膜呈乳白色，半透明。在封闭的空间内透光率为 75%，能产生完美、独特的灯光装饰效果（图 7-38）。

图 7-38　透光膜

（2）光面膜：光面膜有很强的光感，能产生类似镜面的反射效果（图 7-39）。

图 7-39　光面膜

（3）亚光面膜：软膜光感仅次于光面，但强于基本膜。整体效果比较纯净、高档（图 7-40）。

图 7-40　亚光面膜

（4）金属面软膜：具有强烈的金属质感，并能产生类似于金属的光感，具有很强的观赏效果（图 7-41）。

图 7-41　金属面软膜

（5）精印膜：可以定制图案花纹和颜色，彰显个性（图 7-42）。

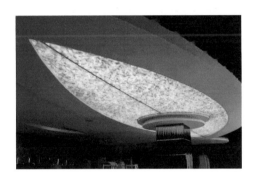

图 7-42　精印膜

（三）规格

一般长度 50m、100m。

宽度有：1.5m、1.8m、2m、2.5m、3.3m、4.0m、5m。

软膜顶棚长度最长可以做到 100m，宽度可以做到 5m 宽没有接缝。

（四）特点

（1）造型：随意造型，可轻易完成大面积造型，局限性较小。

（2）透光：软性材料，可透光，色彩图案随意变化。

（3）图案：根据装饰要求，选择合适图案，极大地提高了产品的装饰性，同时满足透光要求。

（4）声学：可以有效地改进室内音色效果，是理想的隔声装饰材料。

（5）防火功能：通过国内的防火标准 B1 级。

（6）防菌功能：能够抵抗及防止微生物（如一般发霉菌）生长于物体表

面上。

（7）防水防潮：在一般潮湿的环境下防水防潮表面不结水露。

（8）防止老化：构造成分是 PVC，可以保证十年不脱色不产生裂纹。

（9）节能功能：用 PVC 材料做成，能大大提高绝缘功能，在经常需要开启空调的地方，能大量减低室内温度流失。

（10）安全环保：符合欧洲及国内各项检测标准。不会对环境产生任何影响，完全符合当今社会的环保主题。

（五）安装方法

软膜顶棚做法，通过铝合金特制龙骨进行造型，将软膜与扣边焊接后，嵌入龙骨的卡槽内，施工安装工艺比较简单，节点图及实例图如图 7-43 所示。

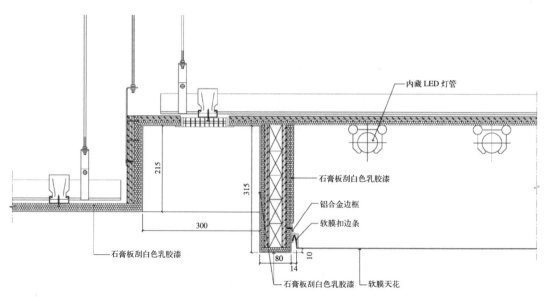

图 7-43　节点及实例图

（六）应用

室内软膜顶棚适用于各类工业、商业、办公、娱乐、体育场所，酒店、医院、学校、商务会所、别墅、公寓等各类居住建筑和公共建筑，适用于任何类型的灯光，空调及声音、安全系统（图7-44）。

图 7-44　实景案例图

【思考题与习题】

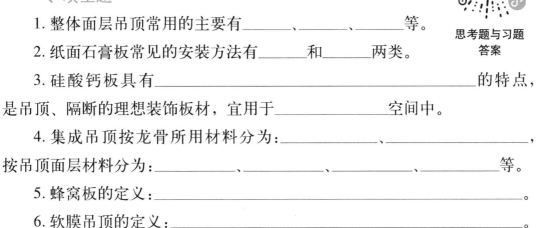

思考题与习题
答案

一、填空题

1. 整体面层吊顶常用的主要有_____、_____、_____等。

2. 纸面石膏板常见的安装方法有_____和_____两类。

3. 硅酸钙板具有_____的特点，是吊顶、隔断的理想装饰板材，宜用于_____空间中。

4. 集成吊顶按龙骨所用材料分为：_____、_____，按吊顶面层材料分为：_____、_____、_____、_____等。

5. 蜂窝板的定义：_____。

6. 软膜吊顶的定义：_____。

二、简答题

1. 列举格栅式吊顶的应用场合。

2. 列举蜂窝复合石材吊顶的应用场合。

3. 常见的软膜吊顶有哪几种？

4. 以小组为单位，实地考察至少 5 种吊顶实例，拍照并作简单说明。

单元 8
建筑装饰五金材料

【单元概述】

本单元划分为两个任务：市场调查；认识和了解常用装饰五金材料。

通过本单元的学习，学生能够了解常用的装饰五金材料，能正确使用五金材料。

任务 1　考察常用的五金材料

【任务描述】

学生利用课余时间去材料市场进行调查，收集常用外墙装饰材料样品或进行拍照。通过实地考察或网络查询，了解五金的品种、规格、用途、市场价位等。

【任务实施】

分组：班级学生按照 4~5 人为一组，每组选一名组长，带领本组人员进行市场调查、收集样品或拍照，填写材料分类表（见表 8-1、每个类别至少列举三个品种或系列），并将收集到的样品或网络查询的图片资料在课堂进行展示。

外墙装饰材料市场调查表   表 8-1

序号	类别	品种或系列	品牌或产地	规格（mm）	应用情况	产品主要特点	市场价
1	门锁						
2	拉手						
3	合页						
4	门吸						
5	滑道						
…	滑轮						

任务 2　了解常用装饰五金材料

常见的五金材料

【任务描述】

通过本任务学习，让学生了解常用装饰五金材料的品种、特点、应用。

【学习支持】

装饰装修中常用的五金材料和制品有：紧固件、连接件、门锁、拉手等。

建筑装饰五金材料和制品按材质分主要有：钢材五金件、不锈钢五金件、铝及铝合金五金件、铜及铜合金五金件、塑料五金件、复合材料五金件或不同材料组合五金件等。

一、紧固件

装饰用紧固件分类

装饰装修上常用的紧固件有圆钢钉、枪钉、自攻螺钉、铝拉铆钉、螺栓、塑料胀管、膨胀螺栓、化学螺栓、镜钉、广告钉等。利用紧固件，能方便快速地将两个或两个以上部件牢固地连接起来，是装饰工程中必不可少的材料。

（1）枪钉

压缩空气动力枪所使用的钉子统称气动枪钉，简称枪钉。枪钉广泛应用于钢木家具、沙发包装、室内外装修工程中彩色钢板、轻钢龙骨、木材、木龙骨、人造板、皮革及其他等材料的固定。

钉枪的使用，极大地提高了施工效率，并且不露钉帽，普通钉枪的射速可达每秒 3 ~ 5 枚钉，是手工钉钉的 20 ~ 30 倍，高速钉枪的射速可达每秒 10 枚钉左右。

枪钉按外观分有：直钉、蚊钉、钢排钉、码钉、卷钉（圆钉）等。

1）直钉（F 系列）：如图 8-1 所示，直钉主要用于钉木材和薄壁轻钢龙骨，不能钉砖墙和混凝土，直钉的具体型号描述为 F 加上长度，例如 F30 是指长度为 30mm 的直钉。直钉规格：F10、F15、F20、F 25、F30。

2）直钉（T 系列）：形状与 F 系列相同，但钉子更长一些。T 系列直钉的强度较 F 系列高，用于家具制造，装饰装潢、木制品包装中固定较厚的木板或木龙骨。直钉规格：T-38 T-50。

3）蚊钉（P）：如图 8-2 所示，纹钉与直钉相近，但更为细小，并且没有钉头，主要用于粘贴面板时的临时固定。蚊钉规格：P610（表示钉的粗细 0.6mm、钉长 10mm）、P612、P615、P618、P620。

4）钢排钉（ST）：如图 8-3 所示，与常见的钢钉相似。具体型号描述为 ST 加上长度，例如 ST-30 指的是长度为 30mm 的钢排钉。钢排钉规格：ST-25、ST-32、ST-38、ST-45、ST-50、ST-57、ST-64 等。钢排钉用排钉枪击发能穿透 2mm 厚的钢板，能将金属薄板、踢脚板、木龙骨等材料直接固定在混凝土墙面或地面上。

5）码钉：（J）：如图 8-4 所示，与钉书钉相似，型号一般带有 J 字头表示，码钉主要用于木材等平接口的临时连接固定。码钉规格有：410J（表示钉口宽 4mm、钉长 10mm）413J、416J、419J、422J、1006J、1008J、1010J、1013J、1022J、1222J 等。

（2）自攻螺钉

自攻螺钉按材质分有碳钢、低合金钢、中合金钢、不锈钢（高合金钢）等；按性能分为普通木螺钉、防锈型自攻螺钉、高强自攻螺钉和燕尾螺钉等；按螺钉钉头的形状可分为沉头螺钉（图 8-5）和扁头螺钉（图 8-6），装饰上常用沉头自攻螺钉。

　　自攻螺钉钉帽槽一般是十字形，可以固定金属件，使用自攻螺钉钻上钉，能在钢板中自动钻出螺纹，且不易松动。

　　螺钉表面处理的方式有：电镀、热镀锌、黑磷化、回火、淬火等。

　　螺钉的表面颜色有亮银色（一般为不锈钢材质）、黑色、银白色、金黄色、蓝色等，除不锈钢螺钉外，蓝色的螺钉强度更高、防锈能力更强。

图 8-1　直钉

图 8-2　纹钉

图 8-3　钢排钉

图 8-4　码钉

图 8-5　高强沉头自攻螺钉

图 8-6　大扁头自攻螺钉

1）沉头自攻螺钉

沉头自攻螺钉因为其钉帽可拧入材料内部，使钉帽不露出材料表面而得名。此种连接形式也属可拆卸连接。沉头自攻螺钉最常用于轻钢龙骨、纸面石膏板、埃特板、纤维水泥板、刨花板、细木工板等材料的固定。

沉头自攻螺钉的规格长度为 15mm、25mm、32mm、38mm、45mm、50mm、70mm 等，直径（包括螺纹）为 2.5 ~ 6mm。

2）大扁头自攻螺钉

大扁头自攻螺钉固定后钉帽露出表面，这种连接形式也属可拆卸连接，常用于对铝合金型材的紧固。

3）燕尾螺钉

燕尾螺钉也叫钻尾螺钉（如图 8-7 ~ 图 8-9 所示），其强度高，尾部有类似钻头的形状，利用自攻螺钉钻能更快更方便地钻透钢管或角钢，不需要事先在角钢表面钻孔。

 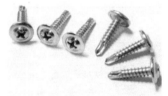 

图 8-7 沉头钻尾螺钉　　图 8-8 圆头钻尾螺钉　　图 8-9 外六角燕尾螺钉

（3）铝拉铆钉

图 8-10 开口型铝拉铆钉　　图 8-11 封闭型铝拉铆钉

铝拉铆钉由头部和钉杆两部分构成的一类紧固件（如图 8-10、图 8-11 所示），用于紧固连接两个带通孔的零件（或构件），使之成为一件整体。这种连接形式称为铆钉连接，简称铆接。常使用在铆接钢板、轻钢龙骨、铝合金型材等金属面连接。铝拉铆钉的规格有 M3.2×7、M3.2×9、M3.2×11、

M4×10、M4×13、M4×16、M5×11、M5×13 等。

（4）塑料胀管

塑料胀管适用于各种受力不大的物体的锚固。塑料胀管如图 8-12、图 8-13 所示。

塑料胀管的规格见表 8-2。

塑料胀管的规格   表 8-2

规格（外径×长度） （mm）	混凝土中钻孔直径	加气混凝土中钻孔直径	砖结构中钻孔直径
6mm×30mm	6mm	5 ～ 5.5mm	5.5m
8mm×50mm	8mm	7 ～ 7.5mm	7.5mm
9mm×60mm	9mm	9 ～ 9.5mm	9.5mm
10mm×70mm	10mm	11 ～ 11.5mm	11.5mm

图 8-12 塑料胀管

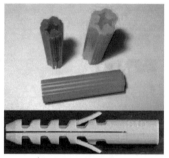

图 8-13 塑料胀管

（5）膨胀螺栓

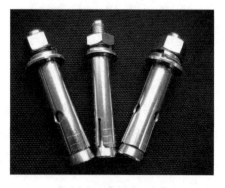

图 8-14 膨胀螺栓

图 8-15 隐形胀栓（内爆式）

图 8-16　吊顶用拉铆式隐形胀栓组合

1）膨胀螺栓的应用

膨胀螺栓是由沉头螺栓，胀管，平垫圈，弹簧垫圈和六角螺母组成。如图 8-14 所示。膨胀螺栓常用来固定钢架和幕墙骨架等承受重荷载的构件。

隐形胀栓有内爆式胀栓（图 8-15）和拉锚式胀栓（图 8-16），隐形胀栓常用于固定吊顶的吊杆、支架，隐形搁板等。

2）膨胀螺栓的规格

膨胀螺栓的规格及技术参数见表 8-3 。

膨胀螺栓的规格及技术参数　　　　　　　　　　　　　　　　表 8-3

规格（mm）	钻孔直径（mm）	钻孔深度（mm）	允许拉力（kg）	允许剪力（kg）
M6（65、75、85）	10.5	49	240	180
M8（80、90、100）	12.5	50	440	330
M10（95、110、125）	14.5	60	700	520
M12（110、130、150）	19	75	1030	740
M16（150、175、200）	23	100	1940	1440

（6）化学锚栓

化学锚栓是新型紧固件，通过合成树脂粘合螺杆和孔壁，使螺杆、锚固基础与被锚固对象形成一个整体，从而达到固定构件或提高构件承载力的效果。化学锚栓由玻璃试剂管和配套螺栓两部分套装，如图 8-17 所示。

1）化学锚栓的工作原理

化学锚栓使用时，先在基层上钻孔，用空气压力吹管等工具将孔内浮灰及尘土清除，保持孔内清洁，将药剂管插入洁净的孔中，然后用电钻旋入螺杆直至药剂流出为止。药剂管破碎后，树脂、固化剂和石英颗粒混合固化，并填充螺栓与孔壁之间的空隙。

2）化学锚栓的特点

①耐酸碱、耐低温、耐老化；

②耐热性能良好，常温下无蠕变；

③耐水渍，在潮湿环境中长期负荷稳定；

④抗焊性、阻燃性能良好；

⑤抗震性能良好、锚固力强；

⑥无膨胀应力，边部间距小，适用于空间狭小处；

图 8-17　化学锚栓

⑦安装快捷，凝固迅速，节省施工时间。

3）化学锚栓的应用

适用于以下锚固：楼板护边、屋面装饰构件、窗户、护网、重型电梯、施工支架的固定、幕墙立柱、重型广告牌、货架系统的固定、重型门的固定、成套设备的固定、塔式起重机的固定、管道的固定安装等。

（7）镜钉

镜钉是一种组合紧固件，主要用于在墙柱面或顶棚面上固定玻璃、玻璃镜、亚克力板等材料。镜钉配有装饰帽，造型美观、使用方便、易拆卸。

镜钉主要有装饰帽、螺钉、空心螺杆、橡胶垫圈四部分组成，图 8-18 为镜钉套装，镜钉装配如图 8-19 所示。

图 8-18　镜钉组合套装

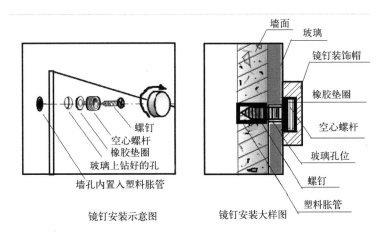

图 8-19　镜钉安装图

（8）广告钉

广告钉是一种组合紧固件，如图 8-20 所示。广告钉主要用于在墙柱面面上固定玻璃、亚克力板等材料，如图 8-21 所示。广告钉固定的方式是玻璃或亚克力板距墙面有一定的距离，不贴紧墙面。常用于固定各种亚克力标牌、小型广告牌等。广告钉配有装饰帽，使用方便、方便拆卸。

图 8-20　不同规格的广告钉　　　　　　图 8-21　广告钉固定标牌

广告钉主要有装饰帽螺杆、支座（空心螺管）、自攻螺钉、橡胶垫圈四部分组成，广告钉装配如图 8-22 所示。常用的广告的规格有 12mm×20mm ～ 12mm×100mm；16mm×25mm ～ 16mm×120mm；18mm×25mm ～ 18mm×120mm。

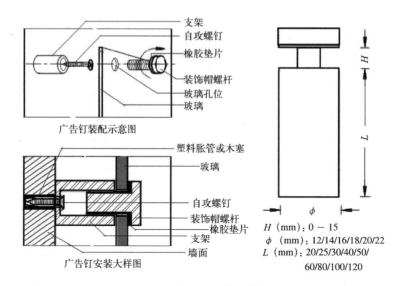

图 8-22　广告钉安装大样图

二、连接件

1. 房门合页系列

常用的房门合页有普通合页、子母合页、弯折合页、旗形合页、弹簧合页、焊接安装合页、隐形防盗门合页等。

普通合页主要用于普通木门；子母合页主要用于成品烤漆门、成品钢木复合门、成品复合免漆门等；弯折合页、旗形合页、主要用于金属门、防盗门等，旗形合页大多是可拆分的；弹簧合页主要用于弹簧门、焊接安装合页的表面无孔，需用电焊焊接在钢制门和门框上。常用房门合页如图 8-23 所示。

常用房门合页的材质有纯铜、铝合金、铜合金、锌合金、不锈钢、碳素钢等。合页的表面处理有电镀、电泳、喷涂、氧化（铝合金合页）、镀铬，镀锌、镀镍、镀铜、镀金等。

2. 新型四合一液压缓冲定位合页

新型四合一液压缓冲定位合页（有合页、缓冲、门吸、闭门器四合一功能）如图 8-24 所示。采用液压闭门器原理90°～180°可实现任意定位；角度小于90°时自动关闭；角度小于30°时自动闭门；闭门速度快慢可调节。

3. 家具柜门合页

家具柜门合页常采用弹簧合页，多为钢制表面电镀。其外形有直背型、

| 普通木门合页 | 普通弯折合页 | 子母合页 | 子母弯折合页 |

| 旗形弯折合页 | 旗形弹簧合页 | 旗形弯折弹簧合页 | 三维可调合页 |

| 旗形可拆合页 | 旗形合页 | 旗形圆角可拆合页 | 旗形焊接合页 |

| 双轴弹簧合页 | 单轴弹簧合页 | 防盗门隐形合页 |

图 8-23 常用房门合页

图 8-24 新型四合一液压缓冲定位合页

中弯型和大弯型三种；根据性能分普通柜门合页、液压阻尼合页、加装阻尼器的缓冲合页等。如图 8-25 所示。直背型用于外挂全盖门；中弯型用于外挂半盖门；大弯型用于内嵌门。家具柜门合页的安装方式如图 8-26 所示。

图 8-25　柜门合页

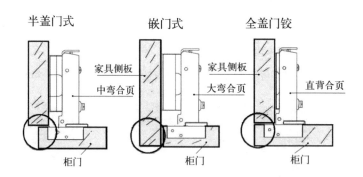

图 8-26　家具柜门合页的安装

三、门锁

1. 门锁的分类

市面上的锁具种类繁多，如图 8-27 所示，门锁可按如下分类：

按用途分有入户锁（防盗门锁）、卧室锁、浴室或卫生间门锁等。

按形状分有明锁、球型锁、执手锁等。球型锁和执手锁具有锁、拉手和碰球三种功能。

按功能分有：机械锁（开门需要钥匙）、密码锁、IC 卡感应锁（酒店客房专用）、指纹识别锁等。

图 8-27　不同类型的门锁

（1）户门锁：起保险安全作用，所以又称保险锁或防盗锁。

（2）通道锁：起门的拉手和撞珠的作用，没有保险功能，适用于厨房、过厅、客厅、餐厅及儿童间的门锁。

（3）浴室锁：特点是在里面能锁住，在门外用钥匙能打开，适用于卫生间或浴室。

（4）卧室锁：在里面锁上保险，外面必须用钥匙开启，适用于卧室及阳台门。

2. 机械锁

机械锁是最常用的门锁，机械锁有拉手、锁体、锁芯、钥匙四部分组成，锁具的材料主要有铜、不锈钢、锌合金、钢铁、铝或铝合金等。

机械锁使用简单，价格便宜，根据锁芯的构造和防盗性能不同，使用不同的钥匙，有普通单向齿钥匙、四面齿钥匙（十字钥匙）、一字钥匙（原子钥匙）、半月形钥匙、U 形双层齿钥匙等、双钥匙（一把门锁上有两个锁芯，开门时需用两把不同的钥匙）、AB 钥匙（A 钥匙为装修钥匙，等装修完工后，主人启用 B 钥匙后，A 钥匙自动失效）等。

3. 防盗锁芯

目前防盗门市场上的锁具的锁芯大体分三种：A 级别防盗锁芯（简称：A

级锁）；B 级别防盗锁芯（简称：B 级锁）；超 B 级别防盗锁芯（简称：超 B 级锁）。如图 8-28 所示。

A 级锁就是单排弹子结构，技术开启时间大于 1min，防止破坏性开启时间不少于 15min；B 级锁是双排弹子结构，防止技术性开锁时间不少于 5min，B 级锁芯防止破坏性开启时间不少于 30min；超 B 级锁是双排弹子结构加隐形弹子锁，防止技术性开锁时间不少于 180min。

A 级锁芯   B 级锁芯

超 B 级锁芯

图 8-28　机械防盗锁锁芯

机械防盗锁芯主要技术指标见表 8-4。

机械防盗锁芯主要技术指标　　　　　　　　　　　　表 8-4

序号	检验项目技术标准	A级（国标）	B级（国标）	超B级
1	防盗门抵抗非正常开启时间	15min	30min	30min
2	防钻破坏时间	15min	30min	30min
3	防撬破坏时间	15min	30min	30min
4	防拉破坏时间	15min	30min	30min
5	防冲击破坏时间	15min	30min	30min
6	防技术开启时间	1min	5min	180min
7	互开率	≤ 0.03%	≤ 0.01%	≤ 0.0004%

不法分子主要针对的是传统的 A 级锁，而超 B 级锁的技术开启难度相对较大，不法分子在遇到超 B 级锁时，一般都会忽略。只有适时地提升锁具的级别，增加技术性开锁的难度，延长开锁时间，才能有效地保护人民群众的生命、财产安全。

4. 智能化人脸识别门禁系统

智能科技时代很多东西都开始走向智能化，而我们的门锁从原来的钥匙，变成了密码，后来变成了指纹，到如今还出现了人脸识别（图 8-29）。现在全国各地的小区陆陆续续的开始安装人脸识别门禁机，只需要人脸对准识别画面的方框，门禁将自动做出反应，不需要用卡和钥匙，门随即打开（图 8-30）。

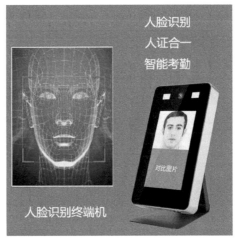

图 8-29　人脸识别智能访客管理系统

图 8-30　人脸识别门禁

四、拉手

五金拉手在家具橱柜中运用最为广泛。用全新的工艺制作，经过电镀可呈现流行、仿古、时尚等外观，代表色可以为：古铜，白古，古银，烤黑，镀金，镀铬，珍珠银等色彩。五金拉手具有装饰作用，但最主要的作用还是拉合作用。

【思考题与习题】

思考题与习题答案

1、建筑装饰五金材料和制品按材质分主要有：_____、_____、_____、_____、_____或不同材料组合五金件等。

2、装饰装修上常用的紧固件有_____、_____、_____、铝拉铆钉、螺栓、塑料胀管、_____、化学螺栓、_____、广告钉等。

3、常用的房门合页有_____、_____、弯折合页、旗形合页、弹簧合页、_____、_____等。

4、目前防盗门市场上的锁具的锁芯大体分三种：_____、_____和_____。

参考文献

[1] 李必瑜，魏宏杨，覃琳 . 建筑构造 . 北京：中国建筑工业出版社 .2019

[2] 陈丽红 . 建筑构造基础与识图 . 北京：中国建筑工业出版社 .2019

[3] 马涛 . 建筑室内设计材料认知与表现 . 北京：中国建筑工业出版社 .2019

[4] 隋良志，李玉甫 . 建筑与装饰材料 . 天津：天津大学出版社 .2015

[5] 田原，杨冬丹 . 装饰材料设计与应用 . 北京：中国建筑工业出版社 .2018

[6] 蓝治平 . 建筑装饰材料（第二版）. 北京：高等教育出版社 .2010